Liebe Leserin, lieber Leser,

vielen Dank, dass Sie sich für ein Buch von SAP PRESS entschieden haben.

SAP PRESS ist eine gemeinschaftliche Initiative von SAP und Galileo Press. Ziel ist es, den Anwendern qualifiziertes SAP-Wissen zur Verfügung zu stellen. SAP PRESS vereint das fachliche Know-how der SAP und die verlegerische Kompetenz von Galileo Press. Die Bücher bieten Expertenwissen zu technischen wie auch zu betriebswirtschaftlichen SAP-Themen.

Die technischen Bücher von SAP PRESS sind von Mitarbeitern der SAP oder qualifizierter Beratungsunternehmen konzipiert, verfasst und geprüft. Niemand wäre berufener als diese Experten, Sie bei Ihren anspruchsvollen Administrations- und Beratungsaufgaben zu unterstützen.

Jedes unserer Bücher will Sie überzeugen. Damit uns das immer wieder neu gelingt, sind wir auf Ihre Rückmeldung angewiesen. Bitte teilen Sie uns Ihre Meinung zu diesem Buch mit. Ihre kritischen und freundlichen Anregungen, Ihre Wünsche und Ideen werden uns weiterhelfen.

Wir freuen uns auf den Dialog mit Ihnen.

Ihr Florian Zimniak
Lektorat SAP PRESS

Galileo Press
Rheinwerkallee
53227 Bonn

florian.zimniak@galileo-press.de
www.sap-press.de

 **PRESS**

SAP PRESS wird herausgegeben von
Bernhard Hochlehnert, SAP AG

Vital Anderhub
Service Level Management –
der ITIL-Prozess im SAP-Umfeld
SAP-Heft 25
2006, 96 Seiten, broschiert
ISBN 3-89842-968-7

Peter Gibbels
SAP-Applikationsmanagement –
Darstellung am Beispiel HP OpenView
SAP-Heft 26
2006, ca. 100 Seiten, broschiert
ISBN 3-89842-969-5

Mißbach, Sosnitzka, Stelzel, Wilhelm
SAP-Systembetrieb
Standard Operation Environment für
mySAP- und R/3 Enterprise-Systeme
2003, 357 Seiten, geb.
ISBN 3-89842-297-6

Aktuelle Angaben zum gesamten SAP PRESS-Programm
finden Sie unter *www.sap-press.de*.

Sabine Schöler, Liane Will

SAP® IT Service & Application Management

Galileo Press

Bibliografische Information Der Deutschen Bibliothek

Die Deutsche Bibliothek verzeichnet diese Publikation in der Deutschen National-
bibliografie; detaillierte Bibliografische Daten sind im Internet über
http://dnb.ddb.de abrufbar.

ISBN 3-89842-795-1
ISBN 13 978-3-89842-795-1

© Galileo Press GmbH, Bonn 2006
1. Auflage 2006
1., korrigierter Nachruck 2006

Der Name Galileo Press geht auf
den italienischen Mathematiker und
Philosophen Galileo Galilei (1564-1642)
zurück. Er gilt als Gründungsfigur der
neuzeitlichen Wissenschaft und wurde
berühmt als Verfechter des modernen,
heliozentrischen Weltbilds. Legendär
ist sein Ausspruch **Eppur se muove**
(Und sie bewegt sich doch). Das Em-
blem von Galileo Press ist der Jupiter,
umkreist von den vier Galileischen
Monden. Galilei entdeckte die nach
ihm benannten Monde 1610.

Lektorat Florian Zimniak **Korrektorat**
Alexandra Müller, Olfen **Einbandge-
staltung** Silke Braun **Herstellung** Vera
Brauner **Layout und Satz** Steffi Ehren-
traut **Druck und Bindung** Koninklijke
Wöhrmann, Niederlande

Inhaltsverzeichnis

Vorwort

Der vorliegende Pocketguide zum IT Service & Application Management basiert maßgeblich auf einem zunächst internen White Paper zum Thema ITIL und SAP. Dr. Uwe Hommel, Senior Vice President Active Global Support, legte mit seinen Erfahrungen und Gedanken den Grundstein. Matthias Medert formulierte darauf aufbauend die erste Version des White Papers. Diese Vorleistungen dienten uns als Ansatzpunkt bei der Vertiefung des Themas. Wir möchten uns dafür besonders bedanken. Erwähnt sei auch die umfassende Qualitätssicherung durch Axel Hochstein und Dr. Rüdiger Zarnekow von der Universität St. Gallen. Natürlich gilt unser Dank auch allen anderen Kolleginnen und Kollegen, die uns mit Kritik und Beiträgen förderten.

Sabine Schöler und **Liane Will**
St. Leon-Rot, Berlin, im März 2006

1   ITIL

Als 1989 die erste Version der Information Technology Infrastructure Library (ITIL) von der britischen Central Computer and Telecommunications Agency (CCTA) veröffentlicht wurde, wurde ein wichtiger Grundstein für die heute im IT Service Management geforderte Qualität gelegt. ITIL hat sich faktisch als *das* generische Rahmenwerk für IT-Organisationen etabliert.

Inzwischen haben sich lokale ITIL-Organisationen positioniert, die gemeinsam die enthaltenen Best Practices erweitern und fortlaufend aktualisieren. Heute umfasst ITIL die Themengebiete *Service Support*, *Service Delivery*, *Application Management*, *ICT Infrastructure Management*, *Software Asset Management*, *Business Perspective* und *Security Management*. Zudem wurde ein Band *Planning to Implement Service Management* veröffentlicht, in dem Hinweise zur Umsetzung des ITIL-konformen IT Service Management gegeben werden. Dabei gelang es, ITIL als eine allgemeingültige Richtschnur für das IT-Management festzulegen. Die Herausforderung für das IT-Management besteht jedoch darin, diese allgemeingültigen Best Practices auf die praktische, sehr konkrete Situation in jedem Unternehmen anzupassen.

2 SAP Life Cycle Framework und ITIL

Der Erfolg von Projekten zur Entwicklung oder Integration von Anwendungen kann heute nicht mehr einfach anhand der Termin- und Budgeteinhaltung bemessen werden. Vielmehr ist es von Bedeutung, Kundenbedürfnisse mit der Planung, Entwicklung und dem Betrieb einer effizienten und effektiven Lösungslandschaft zu befriedigen. Dabei darf der Fokus nicht nur auf Einführungsprojekte für neue Lösungen gelegt werden, sondern der gesamte Lebenszyklus der einzelnen Lösungen muss berücksichtigt werden.

Das SAP Life Cycle Framework beschreibt den Lebenszyklus SAP-basierter Lösungen, sowie die Unterstützung, die SAP in den einzelnen Phasen des Lebenszyklus bietet.

Der Lebenszyklus gliedert sich aus SAP-Sicht in drei Phasen:

▶ Plan
  In der ersten Phase werden die Lösungen sowie die entsprechende Lösungslandschaft geplant. Überträgt man diese Sicht in die ITIL-Welt, umfasst die Phase Plan die ITIL-Phasen Requirements und Design.

- ▶ **Build**

  Die zweite Phase umfasst die Entwicklung der Lösungen sowie ihre Implementierung. Aus ITIL-Sicht sind dies die Phasen Build und Deploy.

- ▶ **Run**

  In der dritten Lebenszyklusphase (Run) werden die Lösungen betrieben, gewartet, weiterentwickelt und gegebenenfalls abgelöst. Aus ITIL-Sicht setzt sich diese Phase aus Operate und Optimize zusammen.

SAP hat das SAP IT Service & Application Management entwickelt, das das SAP-Modell für IT-Prozesse darstellt. Das SAP IT Service & Application Management basiert auf ITIL und ist die Grundlage für das SAP Life Cycle Framework.

Das SAP Life Cycle Framework enthält die SAP-Methoden und -Prozessstandards sowie Best Practices.

Methoden und Prozessstandards

Etablierte Methoden werden genutzt, um die Prozesse und Aktivitäten innerhalb der einzelnen Lebenszyklusphasen zu unterstützen. Dabei handelt es sich um konkrete Vorgehensmethoden und Roadmaps (z. B. Solution Management Roadmap oder ASAP), um das gewünschte Ergebnis in den einzelnen Prozessen des Lebenszyklus zu erreichen.

SAP Best Practices/Content

SAP integriert langjährige Erfahrungen in Form von Best Practices in die Vorgehensmethoden, um somit bereits erarbeitete Ergebnisse zu nutzen und die Methoden mit Inhalten zu füllen. Dadurch wird eine effiziente und effektive Anwendung der Methoden erreicht. Es handelt sich bei den

SAP Best Practices zum Beispiel um Erfolg versprechende Konfigurationen, Vorgehensweisen oder um Vergleichskennzahlen (Benchmarks). Grundlage für das Life Cycle Framework ist das SAP IT Service & Application Mangement.

Abbildung 1 vermittelt einen Überblick über das SAP-Verständnis des IT Service & Application Management.

Werkzeuge
Sowohl für die verwendeten Prozessmodelle als auch für die verwendeten Methoden stellt SAP integrierte Instrumente zur Verfügung. Insbesondere der SAP Solution Manager in Verbindung mit SAP NetWeaver bilden eine ideale Integrationsplattform, um die Lösungslandschaft über den Lebenszyklus der einzelnen Lösungen hinweg effizient und effektiv steuern zu können.

Das vorliegende Buch beschreibt das SAP IT Service & Application Management in seinen Grundzügen. Es zeigt Ihnen, wie Sie die ITIL-Methodologie beim Betrieb von SAP-Software umsetzen, welche Werkzeuge Ihnen dabei zur Verfügung stehen und wie Sie SAP mit Services und Support unterstützt. Zum besseren Verständnis sollten Sie mit den Best Practices in ITIL vertraut sein.

Abbildung 1 ▶
Überblick über das SAP IT Service &
Application Management

SAP Application Management

Requirements
- Functional requirements
- Non-functional requirements
- Usability Requirements

Optimize
- Application Review & Change
- Business Process Opt.
- Data Management Opt.
- Custom Code Opt.
- Support Organization Opt.
- Release & Upgrade Strategy

Design
- Business Blueprint
- Implementation Standards
- Conceptual design of Developments and Development Procedures
- Guidelines and Framework of IT Service Management
- Training & Documentation & Test Plan
- Set Up Project Management and Project Strategic Framework
- Integration & Rollout strategy

Operate
- Maintain Service Levels
- End-user Support
- Day-to-day System & Application Maintenance

Build
- Baseline and Final Configuration
- Training & Documentation
- Development realization
- Build Production and Support Environment
- Final Integration & Performance Test

Deploy
- Pilot Rollouts
- Customer Readiness
- Production & Support Envirinment Ready
- Production Cut-over

Customer's Business unit

IT Service Management

Integration Processes

SAP IT Service Management

Design

- Technical Infrastructure Planning
- Technical Architecture Design (incl. Final sizing)
- Project Installation
- Project Systems Support
- Operations & support Strategy
- Security Requirements

Service Support

- Incident Management
- Problem Management
- Change Management
- IT Release Management
- Configuration Management

Build & Deploy

- Production Installation
- Performance Test Planning
- Cut-over and Go-Live Planning
- Authorizations and Security Implementation

Service Delivery

- Service-Level Management
- Availability Management
- IT Capacity Management
- Financial Management
- Continuity Management

Operations & Optimization

- Job Scheduling
- Security Administration
- Application Error Process
- System Landscape Opt.
- Performance Review & Optimization

Operations

- Job Scheduling
- Print and Output Mgmt.
- Security Administration
- System Administration
- IT Monitoring
- Business Process Management

Customer's IT department

2.1 Motivation

Zahlreiche Unternehmen sehen sich heute mit dem Problem konfrontiert, weniger in innovative Lösungen investieren zu können, insbesondere deshalb, weil sie bereits durch zu hohe Betriebskosten ihrer bestehenden IT-Lösungen finanziell eingeschränkt sind. Wenn man bedenkt, dass die meisten Unternehmen mehr als 60 Prozent ihrer IT-Budgets für den Betrieb aufwenden, liegt es auf der Hand, dass ihnen nur wenig Handlungsspielraum bleibt, um sich durch Innovation Wettbewerbsvorteile zu verschaffen. Als logische Konsequenz müssen die Betriebskosten gesenkt werden. Diesen Ansatz verfolgen auch die meisten Chief Information Officers (CIOs). Bei erhöhtem Kostendruck für die Konsolidierung würde eine Senkung der Betriebskosten den nötigen Spielraum verschaffen, um erforderliche Investitionen zu tätigen (vergleiche Abbildung 2).

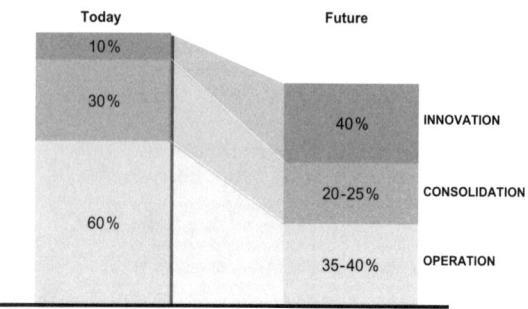

Abbildung 2 IT-Kostenverteilung: Heutige Situation vs. zukünftige Anforderungen

Die Standardisierung von Prozessen ist eine bewährte Möglichkeit, um Betriebskosten zu senken. Damit wächst die

Bedeutung der IT Infrastructure Library, die zum meistge-
nutzten Leitfaden für Prozesse im Bereich IT Service Management avanciert ist. Die aus der Umsetzung von ITIL
resultierende Prozesstransparenz und -ausrichtung sowie
bewährte Best Practices tragen dazu bei, die Betriebskosten
im IT-Bereich zu senken bei gleichzeitiger Beibehaltung bzw.
Erhöhung der Qualität. Der internationale Standard ISO/IEC
20000 für IT Service Management basiert maßgeblich auf
ITIL und ist konform mit diesem.

Optimierung von Betrieb und Änderungen

Hohe Kosten und beträchtlicher Aufwand fallen jedoch
auch außerhalb des reinen IT-Bereichs an – vor allem bei
der Implementierung und der Anpassung von Unterneh-
mensanwendungen. Aus diesem Grund ist ein umfassendes
standardisiertes Modell nur dann praktikabel, wenn die
entsprechenden geschäftlichen Aspekte im vorhandenen
ITIL-Modell berücksichtigt werden. Hier setzt SAP IT Service
& Application Management an. Die wichtigsten Geschäfts-
und Managementprozesse werden hinsichtlich der Lebens-
zyklen Ihrer Lösungslandschaft durchgängig beschrieben.
SAP hat ITIL dabei um wichtige Aspekte ergänzt.

Optimierung von Geschäftsprozessen

Zu hohe Betriebskosten können neben einem ineffizienten
Betrieb auch die Folge uneffektiver Geschäftsprozesse sein.
Daher kann auch die Optimierung von Geschäftsprozessen
Betriebskosten senken. Damit ein bestehender Geschäftsprozess erfolgreich geändert werden kann, ist ein präziser,
gesteuerter Ablauf bei der Durchführung einer Änderung
erforderlich. Auch hier trägt SAP Application Management

zu einer Verbesserung des IT Service Management innerhalb der Vorgaben von ITIL bei.

Ziele

Insgesamt unterstützt das SAP IT Service & Application Management die Umsetzung standardisierter Prozesse und Methoden im Betrieb sowie bei der Implementierung, um folgende Ziele zu erreichen:

▶ Optimierte Umsetzung von Änderungen hinsichtlich Zeit, Integration und Stabilität der Lösung

▶ Minimierung von Implementierungskosten und Implementierungszeiten bei gleichzeitig verbesserter Qualität und Transparenz

▶ Freisetzung von Mitteln, um den Konflikt zwischen permanenten Betriebskosten und Kosten für innovative Investitionen zu lösen

2.2 SAP NetWeaver als Potenzial zur Betriebsoptimierung

SAP NetWeaver ist die offene Integrationsplattform, um Applikationen, Prozesse, Informationen und Menschen über Organisationen und technische Grenzen hinweg zu verbinden (siehe Abbildung 3). Die serviceorientierte Architektur (SOA) ermöglicht es, neue Komponenten oder Lösungen kostengünstig einzubinden. Durch die offene Funktionsweise von SAP NetWeaver können Veränderungen umgesetzt werden, ohne dabei die Technik oder die Software grundsätzlich ändern zu müssen. Neue Services können jederzeit auf jeder Maschine in die bestehende SAP NetWeaver-Ar-

chitektur eingeklinkt und zur Verfügung gestellt werden.
Die SAP NetWeaver zugrunde liegende Enterprise Services
Architecture (ESA) stellt die Alternative zu der bloßen An-
sammlung von Funktionalitäten in einem einzigen System
dar. Sie setzt diesem Ansatz die Abstraktion, Komponenti-
sierung und lose Kopplung von Services entgegen.

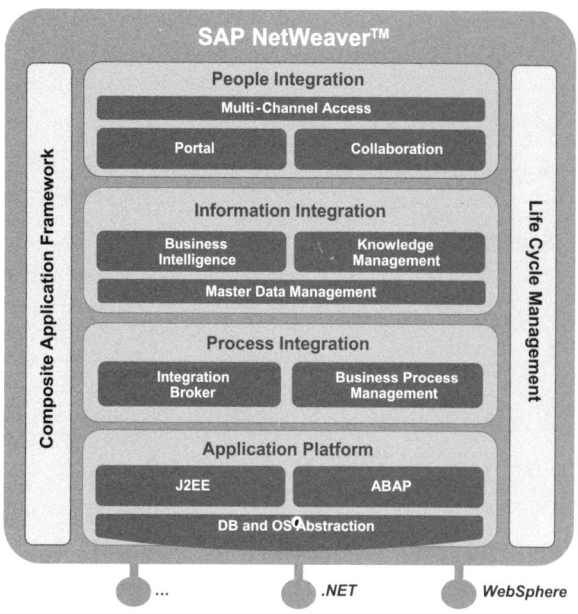

Abbildung 3 SAP NetWeaver als Integrationsplattform

In Verbindung mit SAP NetWeaver wird SAP IT Service &
Application Management zum Schlüssel, um sich den kon-
tinuierlichen Änderungen der Geschäftsanforderungen

schnell, flexibel und kostengünstig anzupassen (siehe Abbildung 4). SAP NetWeaver birgt das Potenzial, die IT optimal auf die Geschäftsprozesse abgestimmt zu betreiben. Zudem wird die Umsetzung von Innovationen beschleunigt, die für Wachstum erforderlich sind, und gleichzeitig werden überschaubare Kostenstrukturen aufrecht erhalten.

Abbildung 4 SAP NetWeaver als Schlüssel für Veränderung

2.3 Rolle des SAP Solution Manager

Basierend auf der SAP NetWeaver-Technologie stellt der SAP Solution Manager das zentrale Bauelement bei der Realisierung des SAP IT Service & Application Management dar. Der SAP Solution Manager ist zwar nicht die einzige mögliche Software, mit der sich die Prozesse und Phasen innerhalb des Applikations-Lebenszyklus realisieren lassen, doch er vereint die wichtigsten Werkzeuge an einem zentralen

Punkt. Dies vereinfacht insbesondere den prozessübergreifenden Daten- und Informationsaustausch. Der SAP Solution Manager ist damit ein Werkzeug sowohl des IT-Providers als auch des Kunden. Wie der SAP Solution Manager eingesetzt werden kann, wird Ihnen in diesem Buch für die jeweiligen Phasen und Prozesse erläutert. In der Praxis kann der SAP Solution Manager mit anderen Werkzeugen, wie z.B. Monitoring-Werkzeugen, kombiniert oder durch diese ergänzt werden.

2.4 Zielgruppe

Dieses Buch vermittelt einen Überblick über die wichtigsten Aspekte des SAP IT Service & Application Management und beschreibt, wie SAP ihre Kunden bei Implementierung und Betrieb von SAP-Lösungen unterstützt. Daher wendet es sich an Firmen, die ihre Betriebskonzepte und im Zuge dessen auch ihre Kostenstrukturen optimieren wollen. Dieses Dokument ist nicht als vertiefende Lektüre zum Service Management gedacht. Zu diesem Zweck empfehlen wir die verfügbare, klassische IT Infrastructure Library und ihre Pocketguides.

3 Struktur des SAP IT Service & Application Management

Um sich dem Thema SAP IT Service & Application Management zu nähern, empfiehlt es sich, analog der Strukturen und Bezeichnungen innerhalb ITIL vorzugehen. ITIL liefert keine Komplettlösung für eine effiziente IT, es bietet jedoch ein Rahmenwerk aus in der Praxis bewährten Methoden und damit einen guten Ansatzpunkt (siehe Abbildung 5).

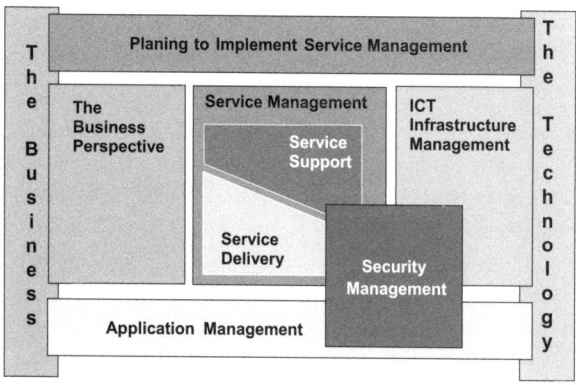

Abbildung 5 ITIL – allgemeine Struktur

Im Folgenden zeigen wir, wie SAP IT Service & Application Management den ITIL-Ansatz für IT Application Management und IT Service Management sowie die Schnittstellen zwischen diesen beiden Bereichen verbessern kann. Im Fokus stehen somit drei Kernbereiche (vgl. Abbildung 6):

▶ *SAP Application Management* deckt die Phasen des Lebenszyklus von Anwendungen ab und basiert auf dem ITIL-Modell. Es wurde von SAP jedoch stark erweitert. Daher enthält es nun einen SAP-eigenen Ansatz für Applikationsmanagement und zeigt, wie SAP Sie in jeder Phase des Lebenszyklus bestmöglich unterstützt.

▶ *IT Service Management* konzentriert sich auf die IT-Infrastruktur und die Prozesse beim Betrieb. Es werden die beiden ITIL-Bereiche Service Support und Service Delivery aus dem Blickwinkel des SAP-Betreibers dargestellt. Hier finden Sie das nahezu reine ITIL-Modell. Neu hinzugekommen ist der Bereich Operations, da dies eng mit den beiden anderen Bereichen verbunden ist. Operations umfasst typische Aufgaben, die sich aus dem regelmäßigen Betrieb der SAP-Lösung ergeben.

▶ *Integration Processes* trägt den wichtigsten Schnittstellen zwischen SAP Application Management und IT Service Management Rechnung. IT Service Management ist in starkem Maße von Erfordernissen der Geschäftsprozesse und deren Management beeinflusst. Auf der anderen Seite müssen Anforderungen aus dem Betrieb bereits bei der Implementierung berücksichtigt werden, da spezifische Kostenstrukturen im späteren Betrieb bereits in der Implementierungsphase beeinflusst werden. Bei den Integration Processes geht es darum, wie SAP Sie beim Management dieser Schnittstellen unterstützt.

Eine wesentliche Rolle spielt in diesem Konzept SAP NetWeaver als zugrunde liegende Softwarearchitektur: SAP

NetWeaver bildet die notwendige Grundlage zur Umsetzung der Prozesse im SAP IT Service & Application Management.

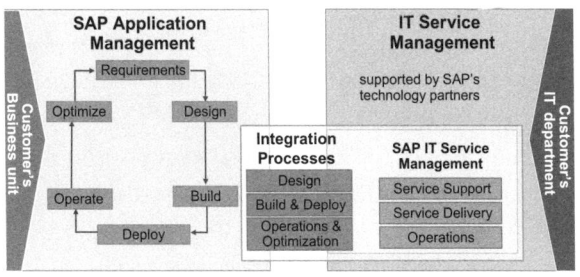

Abbildung 6 Kernbereiche von SAP IT Service & Application Management

3.1 SAP Application Management

Anwendungslebenszyklus

SAP Application Management greift auf den ITIL-Lebenszyklus für Applikationsmanagement zurück (siehe Abbildung 7). Mit dem Begriff Applikationslebenszyklus werden die verschiedenen Phasen beschrieben, die eine Anwendung von ihrer Entstehung bis zu ihrer offiziellen Ablösung durchläuft. Die Phasen Requirements (Anforderungen), Design (Konzeption) und Build (Erstellung) bilden den Entwicklungsteil innerhalb dieses Lebenszyklus. Die Phasen Deploy (Aktivierung der Anwendung, »Go-live«), Operate (Betrieb) und Optimize (Optimierung) stellen Lebenszyklusphasen einer bereits produktiven Lösung dar. Während die Applikationslösung bereits im Einsatz ist, werden optimierende Veränderungen umgesetzt.

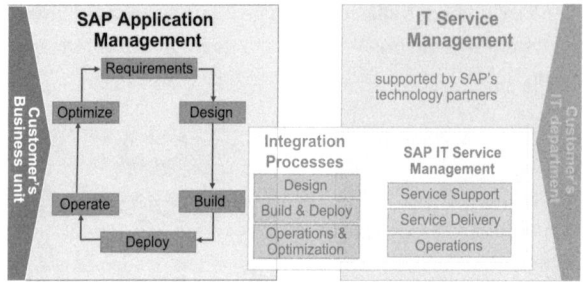

Abbildung 7 SAP Application Management in der Gesamtstruktur

Alle Phasen des Application Management beinhalten zwei Aspekte:

▶ Zum einen wirken sich alle Aktivitäten innerhalb des Applikationslebenszyklus auf das IT Service Management aus. Sie erfordern entsprechende Anpassungen im Bereich von Service Support, Service Delivery und Operations. Änderungen im Application Management müssen die Auswirkungen im Service Management berücksichtigen, beispielsweise im Change Management, Capacity Management oder Configuration Management. Umgekehrt ist das Application Management von Änderungen im IT Service Management betroffen. Es müssen also auch entsprechende Informationen aus diesem Bereich berücksichtigt werden und gegebenenfalls in das Application Management einfließen.

▶ Innerhalb der einzelnen Phasen des Application Management sind die Teams so aufzustellen, dass den Kernbereichen des IT Service Management, insbesondere Operations, Support, Security, Change-, Configuration- und

Infrastructure Management, Rechnung getragen wird. Entsprechende Repräsentanten müssen in die phasenspezifischen Aktivitäten mit einbezogen werden.

Sowohl das Application Management als auch das IT Service Management werden vom Service Level Management beeinflusst. Wesentliche Aufgabe dieses Prozesses ist es, passende Qualitätskriterien für alle Phasen und Prozesse einschließlich Operations zu definieren, sowie deren Messung und eine entsprechende Berichterstattung aufzusetzen, so dass die Umsetzung der Anforderungen an das Application Management und letztlich die stabile, performante Verfügbarkeit der Applikationslösung gewährleistet ist.

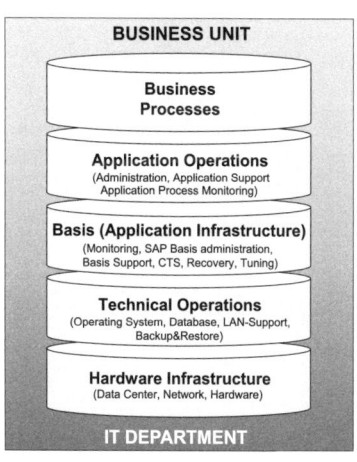 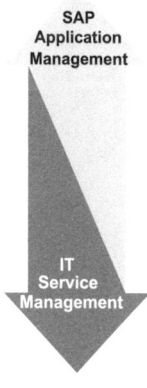

Abbildung 8 Technologische Komponenten und SAP Application Management

Abbildung 8 zeigt das Verständnis der SAP hinsichtlich der verschiedenen IT-Layer und des Application Management.

Mitunter stimmt die Verwendung der Begrifflichkeiten innerhalb der SAP-Welt nicht mit der in der übrigen IT-Welt überein. Außerhalb SAP wird üblicherweise die gesamte SAP-Software als Applikation aufgefasst. Dann umfasst der Begriff Application Operations bereits alle mehr oder weniger technischen, basisorientierten Tätigkeiten. SAP unterscheidet jedoch genauer in Basis oder Application Infrastructure und Application Operations.

Im Folgenden werden die einzelnen Phasen des Application Management beschrieben und auf die Unterstützung durch SAP in den einzelnen Phasen eingegangen.

3.1.1 Requirements

In der Anforderungsphase (Requirements) sollten die Entwicklungsteams eng mit wichtigen Entscheidungsträgern im Unternehmen zusammenarbeiten, um die Anforderungen an die Anwendung zu ermitteln. Um den Return on Investment (ROI) zu maximieren, müssen Anforderungen und Aufwand der Umsetzung gegeneinander abgewogen werden. Mitunter kann es von höherem Nutzen und effektiver sein, einen Geschäftsprozess zu optimieren statt jede Anforderung aus einem bestehenden Prozess bis ins Detail abzubilden.

Anforderungskategorien

Die Anforderungen lassen sich im Prinzip in drei Kategorien unterteilen: funktionsbezogene und nicht funktionsbezogene Anforderungen sowie Anforderungen der Anwender an die Bedienbarkeit. In der Anforderungsphase sollten Sie Akzeptanzkriterien festlegen, in denen alle Anforderungskategorien berücksichtigt werden, denn sie beeinflussen die Konzeption der Lösung und die Aktivitäten zur Lösungserstellung.

Funktionsbezogene Anforderungen

Als funktionsbezogene Anforderungen gelten all jene, die dazu dienen einen, Geschäftsprozess zu implementieren. Welche Funktionen müssen Software oder Hardware unterstützen bzw. bereits vorgefertigte Lösungen anbieten, damit ein Geschäftsprozess realisiert werden kann? Dazu gehören auch geplante Eingabeformate bzw. erzeugte Ausgabeformate oder Art und Weise der Datenspeicherung. Die so beschriebenen Anforderungen können gegebenenfalls in weiteren Schritten als zu messende Qualitätskriterien wieder verwendet werden.

Nicht funktionsbezogene Anforderungen

Die nicht funktionsbezogenen Anforderungen werden häufig auch als technische Anforderungen einer Anwendung bezeichnet. Aus den geplanten Funktionalitäten innerhalb der Geschäftsprozesse ergeben sich Anforderungen an die Technik. Aus den Anforderungen an die Verfügbarkeit der Geschäftsprozesse ergeben sich direkt Anforderungen an die Verfügbarkeit der technischen Systeme. Die maximal zulässige Dauer geplanter sowie ungeplanter Systemausfallzeiten muss ebenfalls festgelegt werden. Damit eng verbunden sind die Anforderungen an die Performance, wie z.B. Antwortzeiten bei Transaktionen in erfolgskritischen Prozessen.

Um die technischen Anforderungen zu bestimmen, benötigen Sie präzise Informationen über die Geschäftsprozesse, wie z.B. über das zu erwartende Datenvolumen hinsichtlich durchschnittlicher und maximaler Erwartungswerte. Wichtig sind aber auch Informationen über regelmäßig wiederkehrende, vorhersehbare Aktionen innerhalb der Geschäftsprozesse, wie Monatsabschlüsse oder Planungsläufe. Diese Eckdaten und Aktionen der Anwendung wirken sich unmittelbar auf Performanceanforderungen, die Konzeption der Schnittstellen oder die Größenbestimmung (Sizing) der technischen Systemlandschaft aus. Nichts zuletzt müssen auch periphere Techniken, Geräte und deren Management entsprechend dem zu erwartenden Geschäftsvolumen in den verschiedenen Bereichen des Systemausgabemanagements ausgelegt werden. So muss beispielsweise ein potenziell hohes Aufkommen an Druckaufträgen berücksichtigt werden.

Eine weitere wesentliche, nicht funktionsbezogene Anforderung an eine Lösung ist, dass Möglichkeiten zu ihrem Support zur Verfügung stehen (Supportability). In diese Kategorie gehört z. B. die Forderung nach geeigneten Werkzeugen, um auftretende Probleme remote zu analysieren und zu lösen. Auf Grund der häufig beschränkten Möglichkeiten, Wartungszeiten mit geplantem Systemausfall einzurichten, müssen viele Tätigkeiten im Support parallel zum produktiven Betrieb ausführbar sein.

Anforderungen an die Bedienbarkeit

Was aber nutzt die umfassendste Funktionalität und eine hohe Verfügbarkeit, wenn das System nur unzureichend zu bedienen ist? Daher ist es wichtig, bereits im Vorfeld zu prüfen, inwieweit die Bedienbarkeit den Möglichkeiten, Fähigkeiten und Wünschen der späteren Anwender entspricht.

Es ist unabdingbar, bestehende Anforderungen rechtzeitig zu erfassen und zu berücksichtigen.

Alle Anforderungen sollten sich in entsprechenden Qualitätskriterien im Service Level Agreement für die Lösung niederschlagen.

Unterstützung durch SAP in dieser Phase

Services

▶ **SAP Custom Development**
Dieser Service verwendet die durch SAP etablierten Entwicklungsmethoden und Best Practices, um kundenspezifische Funktionen zu liefern. Mit SAP Custom Development erhalten Sie direkten Zugriff auf SAP-Entwicklungsteams, die das Know-how und die Erfahrung haben, eine kundenspezfische Entwicklung erfolgreich zu planen und zu realisieren.

▶ **SAP Consulting**
SAP Consulting bietet Unterstützung bei der Erhebung und beim Management der Anforderungen aus funktionaler und nichtfunktionaler Sicht an, hilft diese zu bewerten und zu priorisieren und kann die Umsetzung der Anforderungen in einer Software- und Systemarchitektur begleiten. Insbesondere das Rollout Management fokussiert hierbei auf die Erhebung und Abbildung betrieblicher Anforderungen und die Begleitung bei deren Umsetzung.

► **SAP-Produktdokumentation**
Informationen über die Möglichkeiten, funktionsbezogene Anforderungen im Rahmen der Standardfunktionalität der SAP-Software abzudecken, werden in der SAP-Produktdokumentation zur Verfügung gestellt. Im SAP Service Marketplace (*service.sap.com*) finden Sie diese Informationen im Bereich *SAP Help Portal*. Darüber hinaus besteht die Möglichkeit, funktionsbezogene Anforderungen kundenspezifisch durch SAP entwickeln zu lassen.

3.1.2 Design

Business Blueprint

In der Phase Design werden die Anforderungen an eine Anwendung in Spezifikationen umgewandelt. Daraus entsteht der so genannte Business Blueprint. Mit dessen Hilfe wird die Anwendung selbst konzipiert sowie die Umgebung oder das Betriebsmodell, in dem sie ausgeführt werden soll. Besonders wichtig ist hierbei, dass die Aspekte Bedienbarkeit und Anwendungsmanagement in die Konzeption einfließen. Diese muss flexibel bleiben, damit die Entwickler im Fall von Änderungen nicht wieder an den Anfang der Konzeptionsphase zurückgeworfen werden.

Implementationsstandards

Zunächst werden Projektverfahren und -standards festgelegt. Zu diesen Standards gehören das Änderungsmanagement, die Strategien für den Support, Release Management oder die Systemsicherheit. Auch bei festgelegten Standards müssen Projektmeilensteine eingehalten werden. Voraussetzung ist ein koordiniertes Vorgehen aller Projektbeteiligten. Zur Koordination wird dringend empfohlen, für sämtliche Projektbereiche, z. B. für die Projektunterstützung und -systemlandschaft, Service Level Agreements aufzustellen. Damit diese eingehalten werden können, müssen bereits in dieser frühen Projektphase Werkzeuge zur Projektunterstützung implementiert sein.

Konzeption des Entwicklungsprojekts

Obwohl der Markt eine Fülle von Standardsoftware bietet, müssen Sie diese eventuell anpassen oder gar Ihre eigene Software entwickeln. Die übergeordnete Definition von Prozeduren und Standards eines potenziellen Entwicklungsprojekts ist daher ein kritischer Faktor. Sie dient als Rahmen zur Erfüllung von Unternehmensanforderungen, die nicht über Standardfunktionen abgedeckt werden.

Die Art und Weise, in der das Entwicklungsprojekt die Standardsoftware erweitert, kann sich auf die Konzeption auswirken. Wenn beispielsweise ein Altsystem in der Lösung enthalten ist, benötigen Sie vielleicht eine spezielle Middleware.

Definiton der Teststrategie

Zum Design eines Projekts gehört es auch, geeignete Teststrategien zu planen. Eventuell müssen geeignete Werkzeuge eingeführt werden. Optimal wäre die teilweise Automatisierung von Tests. Weiterhin müssen Tests auch hinsichtlich verschiedener Aspekte, wie funktionale, Integrations-, Performance- oder Akzeptanztests, geplant werden.

Planung der Dokumentation

Die Dokumentation ist ein nicht zu vernachlässigender Baustein einer neuen Anwendung. Im Idealfall ist sie ein regelmäßig genutztes Nachschlagewerk im Lebenszyklus der Applikation. Entscheidend ist dabei die Verfügbarkeit, Aktualität und Verständlichkeit. Daher müssen bereits frühzeitig technische Grundlagen und Regeln für die Dokumentation erarbeitet werden.

Planung von Trainingsmaßnahmen

Werden in einem neuen Projekt neue Funktionen geplant, müssen Sie auch rechtzeitig an erforderliche Schulungen für die zukünftigen Benutzer denken. Nur wenn die Benutzer rechtzeitig mit der neuen Lösung vertraut sind, können Sie mit der gewünschten Akzeptanz und einer effizienten Nutzung rechnen.

Regeln für das IT Service Managment

Aus vielen Themenbereichen, die in der Konzeptionsphase definiert werden, können Anforderungen für Support und Betrieb der Produktivlösung abgeleitet werden. Daher sollten die allgemeine Konzeption der Prozesse und das übergeordnete Organisationsmodell zu diesem Zeitpunkt bereits definiert werden. Dies ist der Zeitpunkt, um auch die ersten Eckpunkte für die Anforderungen an ein Service Level Agreement zu bestimmen.

Integration und Rollout-Strategie

Die Rollout-Strategie für die Anwendung muss ebenfalls festgelegt werden. Es gibt mehrere Rollout-Methoden, aus denen Sie die richtige für Ihr Projekt auswählen müssen, beispielsweise ein stufenweiser Ansatz oder eine alles umfassende Implementierung in einem Zug.

Darüber hinaus müssen Sie die künftige Lösungsarchitektur definieren, insbesondere die allgemeinen Anforderungen in Bezug auf Schnittstellen. Dafür ist unter anderem zu prüfen, ob alle Komponenten in der Lösungslandschaft miteinander kompatibel sind. Potenzielle Upgrades einer oder mehrerer Komponenten bzw. die Ersetzung von Komponenten sind ebenfalls zu bestimmen.

Unterstützung durch die SAP in dieser Phase

Services

▶ **Check of Blueprint (Machbarkeitsprüfung der Fachkonzepte)**
Der Technical Integration Check (TIC) aus der Servicefamilie SAP Safeguarding unterstützt Sie durch Überprüfungen der technischen Machbarkeit und der Umsetzung Ihrer Anforderungen in der vorgeschlagenen Lösung. Potenzielle Risiken beziehungsweise Bereiche, die sich noch verbessern oder verfeinern lassen, werden hierbei aufgezeigt.

▶ **Testsysteme**
SAP kann für Test- und Demozwecke kurzfristig Systeme zur Verfügung stellen.

Empowering

▶ **Definition eines Projekts zum Aufbau einer Supportorganisation, sofern noch keine vorhanden ist**
SAP Empowering Assessments und Workshops helfen Ihnen beim Festlegen des Projektumfangs und unter-

stützt Sie während des gesamten Ablaufs. Schwerpunkte hierbei sind die erforderlichen Rollen und Zuständigkeiten, Prozesse, Qualifikationsprofile und Support-Tools. Das Modell der SAP-Application-Management-Services bietet geeignete Templates und Benchmark-Informationen, um den produktiven Support in der von SAP empfohlenen Art und Weise zu aufzubauen.

Werkzeuge

▶ **Einrichtung der Infrastruktur für den technischen Support**
Es wird empfohlen, die aktuelle Version des SAP Solution Manager zu installieren und einzurichten. Diese erhalten Sie im Rahmen Ihres Wartungsvertrags mit SAP. Hierdurch erhalten Sie Zugriff auf Programme und Dienstleistungen, die Ihnen helfen, die Performance und Verfügbarkeit Ihrer Systemlandschaften zu überwachen, zu optimieren und Risiken beim Betrieb Ihrer Systeme zu minimieren.

▶ **Definition des Business Blueprint**
Im SAP Solution Manager wird eine Funktion zur Verfügung gestellt, mit der Sie die in den SAP-Systemen abzubildenden Geschäftsprozesse Ihres Unternehmens dokumentieren können. Insbesondere erstellen Sie eine Projektstruktur, in der alle relevanten Geschäftsszenarien, Geschäftsprozesse und Prozessschritte hierarchisch gegliedert werden. Ferner können Sie Projektdokumentationen erstellen, die Sie einzelnen Szenarien, Prozessen und Prozessschritten zuordnen. Schließlich können Sie jedem Prozessschritt Transaktionen zuord-

nen und damit festlegen, wie Ihre Geschäftsprozesse in den SAP-Systemen ablaufen sollen. Mit der Definition des Business Blueprint steht Ihnen eine ausführliche Beschreibung Ihrer Geschäftsprozesse und der Systemanforderung zur Verfügung.

▶ **Projektdokumentation und -verwaltung**
Im SAP Solution Manager wird zentral die Projektdokumentation abgelegt. Eine weitere Funktionalität des SAP Solution Manager wird zur integrierten Projektverwaltung zur Verfügung gestellt. Damit können Sie Planungszeiträume, Personalressourcen und weitere Projektdaten verwalten.

3.1.3 Build

Nach Abschluss der Konzeption kann die Anwendung erstellt und konfiguriert werden.

Baseline und Konfiguration
Um die geplanten Entwicklungen, Support etc. umsetzen zu können, müssen die technischen Voraussetzungen geschaffen werden. Dazu gehört z. B. die Installation und Konfiguration entsprechender Hardware, Software, Entwicklungsumgebungen und Werkzeuge, wie es in der Phase Design konzipiert wurde.

Training und Dokumentation
Sobald mit der Realisierung der konzipierten Funktionalitäten begonnen wird, sollten Sie parallel dazu die Dokumentation pflegen. Beginnen Sie rechtzeitig mit dem Training der späteren Anwender, können Sie durch Rückmeldungen

bereits in der Phase Design mögliche Fehlentwicklungen, Probleme in der Bedienung oder der Wartung erkennen und beheben.

Realisierung der Entwicklung

Um sicherzustellen, dass in der Anwendung alle späteren Betriebsabläufe abgedeckt werden, muss das Entwicklungsteam nicht nur funktionsbezogene, sondern auch nicht funktionsbezogene Anforderungen berücksichtigen. Es ist daher wichtig, dass die anwendungsübergreifenden Leitlinien für die Erstellung befolgt und vorgegebene Programmierkonventionen konsequent eingehalten werden. Bei einer standardisierten Struktur und Programmierung ist es für alle Beteiligten unproblematisch, die Anwendung zu lesen, zu verstehen und zu verwalten.

Realisierung des Supportkonzepts

Prozeduren und organisatorische Zuständigkeiten für den Betrieb und Support der Produktivlösung sollten verfeinert und umgesetzt werden. Folgende Punkte gilt es zu prüfen und umzusetzen:

- ▶ Supportstrategie für die Anwender, einschließlich definierter Rollen und Zuständigkeiten für Endanwender und Key User, die Infrastruktur für den Anwendersupport sowie sämtliche Supportprozeduren und -level.

- ▶ Verfahren für das Lösungsmanagement, wie Geschäftsprozessmanagement und das Management von Schnittstellen, sowie eine nachhaltige Strategie für das Systemmanagement.

▸ Strategie zur Überwachung der Lösung für die gesamte Lösungslandschaft: Dies beinhaltet die Definition einer Strategie für das Service Level Management sowie einer umfassenden Strategie für das System- und Geschäftsprozess-Monitoring.

▸ Strategie für die Systemübergabe an die Organisationseinheit, die letztlich die Produktivlösung betreibt: In der Übergabestrategie müssen der Umfang des Systemmanagements, die Anforderungen für die Übergabe der technischen Infrastruktur und ein Zeitplan für den gesamten Übergabeprozess definiert sein.

▸ Strategie für die Anwendungsübergabe an die Geschäftsbereiche, die die Lösung schließlich nutzen werden: Die Übergabestrategie muss den Umfang, die Anforderungen und den Zeitplan für die Übergabe der Anwendung beinhalten.

Nach detaillierter Ausarbeitung der Strategie für Betrieb und Support können Sie mit der Umsetzung beginnen. Eine Aufgabe besteht in der Einrichtung des Benutzersupports. Das bedeutet, eine Supportorganisation aufzustellen, eine Infrastruktur für den Benutzersupport zu schaffen und den Service Desk zu aktivieren. Außerdem müssen Sie Prozeduren für das Geschäftsprozess-, Schnittstellen- und Systemmanagement sowie für die zeitliche Planung des Programmmanagements festlegen. Die Überwachung bildet einen zentralen Bestandteil der Strategieumsetzung. Hierfür sind Service Level Management sowie das Monitoring von Geschäftsprozessen und Systemen erforderlich.

Finale Integrations- und Performance-Tests

Damit die Anwendung alle gestellten Anforderungen erfüllt, eine pünktliche Inbetriebnahme möglich ist und die Risiken für den Betrieb der Produktivlösung auf ein Minimalmaß beschränkt sind, sind umfangreiche Tests gemäß der Planung notwendig:

▶ Mit Hilfe von Funktions- oder Benutzerakzeptanztests wird ermittelt, ob das System die geschäftlichen Anforderungen erfüllt und ob bei der Systementwicklung die Benutzerbelange berücksichtigt wurden.

▶ Bei den Integrationstests wird das Zusammenspiel der verschiedenen Bestandteile des Geschäftsprozesses untersucht. Der Prozess wird daher von Anfang bis Ende durchgetestet, wobei in erster Linie geprüft wird, ob alle betroffenen Komponenten miteinander harmonieren.

▶ Performancetests fokussieren darauf, wie schnell der gewünschte Output erfolgt. Mit den Tests wird geprüft, wie sich die Funktionalität des Produktivsystems unter schwierigsten Bedingungen beispielsweise hinsichtlich Datenbankgröße, Benutzerzahl und paralleler Verarbeitung von ein- beziehungsweise ausgehenden Dateien oder Daten verhält.

▶ Bei neuen oder geänderten Versionen der Testobjekte muss eventuell ein Regressionstest durchgeführt werden, um zu überprüfen, ob Funktionen, die bereits ausgeführt werden konnten, weiterhin wie vorgesehen funktionieren.

Services

▶ **Technisches Risikomanagement für das Implementierungsprojekt**
Mit Hilfe von SAP Safeguarding lassen sich Risiken in Implementierungsprojekten erkennen, wobei der Schwerpunkt auf Integrationsaspekten liegt.

▶ **Technical Consulting Services**
Unterstützung bei der Einrichtung der System- und IT-Infrastruktur, der Erstellen des Betriebsführungsframeworks (z. B. Erstellung von Backup-, Administrations- und Sicherheitskonzepten und deren systemseitige Umsetzung) ist Aufgabe der Technical Consulting Services.

▶ **Optimierung von Tests**
SAP Solution Management Optimization bietet Services, die dazu beitragen, die Abwicklung und Durchführung Ihrer Tests zu optimieren, damit Sie sicher sein können, dass Sie verlässliche Testergebnisse erhalten.

▶ **Analyse der Supportorganisation**
SAP bietet Analyse-Services an, um Verbesserungspotenziale für die Supportorganisation zu identifizieren. Es wird dabei analysiert, ob das IT Service Management auf den dauerhaften, stabilen und performanten Betrieb hinreichend gut vorbereitet ist. Gegebenenfalls werden Maßnahmen zur Verbesserung vorgeschlagen.

▶ **»Entwicklungslabore«**
Die Einführung zentraler Infrastrukturumgebungen und damit verbundener paketierter Test- und Systement-

wicklungsleistungen in Form von so genannten »Entwicklungslaboren« hilft, bei komplexen Systemlandschaften eine einheitliche Qualität in den Projekten bei gleichzeitiger Konsolidierung der IT-Systeme und damit verbundener Senkung der TCO sicherzustellen.

▶ **Hosting oder Outsourcing der Systeme**
SAP offeriert die Möglichkeit, die während der Implementierung erforderliche Systeminfrastruktur gemäß Ihren Wünschen für die Dauer des Projekts remote bei Ihnen vor Ort oder in einem SAP-eigenen Rechenzentrum zu betreiben. Vor dem Go-live der Lösung geht der Betrieb bzw. die Systemumgebung dann in Ihre Verantwortung über.

Empowering

▶ **Support Tool Enabling**
Das Support Tool Enabling umfasst die Konfiguration des SAP Solution Manager inklusive seiner Anpassung an kundenspezifische Wünsche oder Entwicklungen. Gleichzeitig werden die Supportmitarbeiter in der Benutzung des SAP Solution Manager trainiert.

▶ **Aufbau Ihrer Supportorganisation**
SAP unterstützt mit spezifischen Expertenwissen und Erfahrungen die Implementierung von Best Practices in Supportprozessen und -Strukturen. Assessments zur Analyse der bestehenden Organisation zeigen Handlungsfelder und Optimierungspotenziale auf.

▶ **Projektdokumentation und -struktur**
Die Projektdokumentation und die Projektstruktur, die Sie während der Business-Blueprint-Phase mit Hil-

fe des SAP Solution Manager erstellt haben, können Sie während der Konfiguration und Testorganisation unmittelbar weiterverwenden. Während der Konfiguration können Sie die Projektdokumentation aus der Business-Blueprint-Phase anzeigen und bearbeiten. Die Projektstruktur aus dem Business Blueprint ist ferner Grundlage für alle Testpläne, die Sie in der Testorganisation erstellen.

▶ **Anwenderschulungen**
SAP bietet zahlreiche Schulungsprogramme an, die insbesondere spätere Anwender auf die Bedienung der Standardsoftware vorbereitet und auch Best Practices vermittelt. Diese Schulungen können in den Schulungszentren oder kundenspezifisch auch vor Ort durchgeführt werden.

Werkzeuge

▶ **Konfiguration der Anwendungssysteme**
Mit Hilfe des SAP Solution Manager können Sie die Anwendungssysteme von zentraler Stelle aus konfigurieren und mit der integrierten Funktion zum automatisierten Abgleich von Customizing-Einstellungen für ein konsistentes Customizing sorgen. Darüber hinaus können Sie eigenen Code und Modifikationen dokumentieren.

▶ **Test Workbench**
Die im SAP Solution Manager enthaltene Test Workbench beinhaltet den Test Organizer und Werkzeuge zur Automatisierung von Tests. Der Test Organizer unterstützt Ihre Testverwaltung einschließlich der wichtigsten Funktionen, wie Planung, Berichterstattung

und Problemverfolgung. Die Transaktionen, die Sie im Business Blueprint Prozesschritten zuordnen, werden bei der Testplangenerierung in Testpläne eingefügt und können als Funktionstests abgearbeitet werden, um die jeweiligen Transaktionen zu testen. Das Extended Computer Aided Test Tool (eCATT) ermöglicht Unternehmen, automatisierte Tests in einer kompletten IT-Lösungslandschaft vorzunehmen – system- und anwendungsübergreifend. Dies ist die Voraussetzung für effiziente und präzise Testverfahren.

3.1.4 Deploy

Die fertige und getestete Anwendung kann nun an den Start gebracht werden.

Produktion und Supportbereitschaft

Rechtzeitig vor dem Wechsel vom Implementierungsbetrieb in den produktiven Betrieb (Cut-over) muss die zukünftig produktive Infrastruktur fertiggestellt werden. Dazu gehört nicht nur die eigentliche Installation von Hard- und Software, sondern auch die entsprechenden Serviceprozesse müssen in Bereitschaft sein. Der Produktivstart impliziert wesentliche Änderungen im täglichen Betrieb. Alle Zwischenfälle bedeuten nun ein unvergleichlich höheres Risiko für die Geschäftsabläufe einer Firma, als in den Implementierungsphasen.

Checkliste

Es empfiehlt sich, den Cut-over genau zu planen und mittels einer Checkliste abzusichern. Jedes Team, das an der Implementierung und am Cut-over beteiligt ist, sollte den geplanten Einzelschritten zustimmen und zum Umstellungstermin sowie während der ersten Tage des Produktivbetriebs die notwendigen Ressourcen bereitstellen. Im Produktivbetrieb müssen alle Aufgaben regelmäßig und stabil durchgeführt werden. Das ist ein wesentlicher Unterschied zur vorproduktiven Phase, wo die Arbeitsschritte eher hinsichtlich Funktionalität getestet werden. In der Checkliste sollten alle Erfolgskriterien für Change-Management-Aufgaben, wie Anwenderschulung und Datenübernahme, abgedeckt werden. Des Weiteren sollten ein Zeitplan und auch eine Rollback-Strategie für den Notfall sowie ein Dokument für die Abnahme durch die Benutzer enthalten sein.

Pilot-Rollouts

Vor der allgemeinen Freigabe empfiehlt es sich, Pilot-Rollouts durchzuführen. Auch wenn der Implementierungsprozess in der Theorie erfolgreich getestet wurde, gibt Ihnen eine Pilotimplementierung in einem Teilbereich des Produktivsystems die Möglichkeit, den Cut-over und auch die Anwendung selbst noch zu verbessern.

User Readiness

Wird eine neue Anwendung in die Produktion eingeführt, müssen die künftigen Benutzer entsprechend geschult sein und sich beim täglichen Umgang mit dem System sicher fühlen. Die von Ihnen geplanten und schrittweise durchgeführten Schulungen, Tests und Übungen sollten rechtzeitig vor dem Cut-over abgeschlossen werden.

Datenübernahme

Nicht selten ist mit der Inbetriebnahme einer neuen Lösung auch der Transfer von alten Daten in ein neues System und neue Datenstrukturen verbunden. Da die Datenübernahme die kritischste Phase der Implementierung darstellt, muss sie sorgfältig geplant und zeitlich abgestimmt werden. Es empfiehlt sich, einen Cut-over-Test vorzunehmen, in dessen Rahmen ein Testbetrieb erfolgt und alle technischen Cut-over-Aktivitäten durchgespielt werden. Auf diese Weise lassen sich Problembereiche erkennen, die eine erfolgreiche und reibungslose Aufnahme des Produktivbetriebs behindern könnten. Nach dem Test können Sie den Cut-over für das Produktivsystem gemäß dem vereinbarten Implementierungsplan und mit Hilfe der Checklisten durchführen. Dies beinhaltet auch die Übertragung von Customizing- und Entwicklungsobjekten. Sie sollten sich vergewissern, dass die Datenübernahme erfolgreich verlaufen ist, Schnittstellen und technische Infrastruktur funktionieren und das Supportteam den notwendigen System- und Anwendersupport bieten kann.

Letzter Stresstest
Häufig ist es angebracht, vor dem eigentlichen Produktivstart einen möglichst realitätsnahen letzten Stresstest durchzuführen. Eventuelle Engpässe können so vorher erkannt und behoben werden. Ein Stresstest ist allerdings nur dann wirklich aussagefähig, wenn er den erwarteten produktiven Abläufen möglichst nahe kommt. Um den Stresstest auswerten zu können, ist ein intensives Experten-Monitoring erforderlich. Ebenso intensiv sollten wichtige Projektschritte überwacht werden. Der Cut-over ist sicherlich das wichtigste und einschneidendes Ereignis im Lebenszyklus einer Lösung.

Endgültige Zustimmung vor Aufnahme des Produktivbetriebs

Die Voraussetzungen für den Produktivbetrieb sind dann erfüllt, wenn die zuständigen Teams bestätigen, dass das Produktivsystem für die Geschäftsabwicklung bereit ist, dass die Daten erfolgreich übernommen wurden und dass die Organisation und die Prozeduren des Applikationssupports für den Produktivbetrieb bereit sind. Wenn außerdem die Bereitschaft der Benutzer bestätigt ist und die Aufgaben und der Zeitplan für den Cut-over geprüft sind, können die Prozessverantwortlichen die endgültige Zustimmung für die Aufnahme des Produktivbetriebs erteilen.

Der wichtigste Meilenstein, die Aufnahme des Produktivbetriebs, ist erreicht, wenn die Geschäftsvorgänge in der neuen Produktivumgebung durchgeführt werden. Nachdem der Produktivbetrieb aufgenommen wurde, sollten alle Projektteams die Funktionen und Performance besonders aufmerksam überwachen.

Unterstützung durch SAP in dieser Phase

Services

▶ **SAP Solution Management Assessment**
Zur Identifizierung und Bewertung von nicht funktionsbezogenen Anforderungen und die Anforderungen zur Verfügbarkeit bietet SAP den Service Solution Management Assessment an. Hierbei werden die Lösungslandschaft und die wichtigsten Kerngeschäftsprozesse analysiert. Das Ergebnis ist eine technische Bewertung der Stabilität und des Risikos der Stabilität sowie der Verfügbarkeit und Sicherheit der Kerngeschäftspro-

zesse. Basierend auf diesem Ergebnis werden zukünftig zu erreichende Benchmarks festgelegt.

► **SAP GoingLive Check**
Der SAP GoingLive Check besteht in der Regel aus drei separaten Servicesitzungen mit unterschiedlichem Fokus. In der so genannten Analysis Session wird ca. sechs Wochen vor Produktivstart das erwartete Geschäftsaufkommen mit der aktuellen Konfiguration und den geplanten Hardwareressourcen abgeglichen. Im Ergebnis kann mit zuverlässiger Bestimmtheit eine Aussage getroffen werden, ob das geplante Geschäftsvolumen mit der Hardware und Konfiguration zu bewältigen ist. Kurz vor dem eigentlichen Produktivstart werden die wichtigsten Geschäftsprozesse hinsichtlich Performance vermessen und gegebenfalls letzte Empfehlungen zur Optimierung ausgesprochen. Ca. vier Wochen nach Produktivstart werden in der Verification Session Soll und Ist überprüft. Gegebenfallswird insbesondere in Konfiguration und Performance angepasst bzw. nachgebessert.

► **Operations Enabling**
Bei komplexen Mehrsystemlösungen oder Integration von Fremdsystemen bietet sich eine zusätzliche Unterstützung bereits in der vorbetrieblichen Phase an. Operations Enabling hilft dem Kunden, das Risiko von Stabilitäts- und Performanceschwankungen nach dem Produktionsstart der Anwendung zu minimieren.

► **Assessment der Supportorganisation**
SAP bietet Services, um zu analysieren, ob Ihre Supportorganisation inklusive der Systembetreiber für den

erwarteten Produktivstart vorbereitet ist. Die Anforderungen an den Support und den Systembetrieb ergeben sich letztlich aus den zu betreibenden Geschäftsprozessen. Davon ausgehend wird untersucht, ob die Organisation in Know-how, etablierten Werkzeugen und Supportprozessen den Anforderungen gewachsen ist.

Werkzeuge

► **E-Learning**
Der SAP Tutor bietet interaktive Lerneinheiten für das Selbststudium, die die Mitarbeiter direkt an ihrem Arbeitsplatz nutzen können.

► **SAP Online Knowledge Products (OKP)**
Diese Produkte bieten rollenspezifisches Wissen zu Updates und Erweiterungen von SAP-Lösungen. Mit Hilfe des SAP Tutor und SAP Solution Manager können Sie Ihre eigenen rollenbasierten Learning Maps erstellen.

► **Projektdokumentation**
Der SAP Solution Manager bietet Ihnen die Möglichkeit, wichtige Informationen über Ihr Projekt zu dokumentieren, wie zum Beispiel Beschreibungen von Geschäftsprozessen und Funktionen sowie Testszenarien und -ergebnisse.

► **Supportwerkzeuge**
Der SAP Solution Manager ist das geeignete Werkzeug für Ihre Supportorganisation und ein systemübergreifendes Werkzeug für Monitoring und Optimierung der Systemlandschaft. Im Rahmen der SAP-Application-Management-Services werden Ihnen effiziente Wege

zum optimalen Betrieb und Support Ihrer SAP-Lösung aufgezeigt.

▶ **Transition Management**
Innerhalb der SAP-Application-Management-Services konzentriert sich das Transition Management auf die Überführung einer implementierten Lösung in den permanenten, stabilen und regelmäßigen produktiven Betrieb. Dazu werden geeignete Supportwerkzeuge, Methoden und Know-how vermittelt.

3.1.5 Operate

Nach der Implementierung wird die Anwendung in den regelmäßigen Betrieb genommen. Für den Betrieb der Geschäftsprozesse und der technischen Infrastruktur ist die Betriebs- und Supportorganisation zuständig. Die gesamte relevante Dokumentation wird fertiggestellt und den entsprechenden Teams übergeben. Ein effektiver Betrieb auf hohem Qualitätsniveau trägt wesentlich zur Optimierung der TCO bei.

Service Levels
Üblicherweise werden die Erwartungen des Kunden an den Service des Dienstleisters, als welchen man auch die interne IT-Abteilung verstehen kann, in Service Level Agreements (SLAs) in schriftlicher Form festgehalten. Die dafür notwendigen Qualitätskriterien, so genannte Key Performance Indikators (KPI) und Rahmenkriterien wurden bereits in den vorangegangenen Phasen zusammengetragen, so dass sie nun nur noch verfeinert und schriftlich niedergelegt werden. Alle SLAs müssen messbar sein, damit sie Aussagekraft be-

sitzen. Messbar bedeutet auch, dass entsprechende Werkzeuge zur Messung und zum Reporting etabliert werden. In einer solchen Vereinbarung werden üblicherweise mehrere Aspekte berücksichtigt, beispielsweise Reaktionszeiten im Anwendersupport sowie System- und Geschäftsprozessmanagement.

Ein SLA ist beidseitig bindend. Zum Beispiel können Fachabteilungen sich dazu verpflichten, an Schulungen teilzunehmen oder bei vorhersehbaren Abweichungen vom normalen Verlauf der Geschäftsprozesse (Volumen, Dauer, Umfang) Bescheid zu geben. Damit die Erfüllung des SLA gewährleistet werden kann, sind die Qualitätskriterien regelmäßig zu überprüfen und zu dokumentieren; gegebenenfalls müssen Schwachstellen untersucht werden. Ein SLA lebt mit den Geschäftsprozessen und ist somit dem Lebenszyklus der Applikation nachgeordnet.

Anwendersupport

Damit der Anwendersupport schnell und in hoher Qualität erfolgt, müssen Sie dafür sorgen, dass die Supportorganisation über das nötige Know-how verfügt, ausreichend besetzt ist und auf effiziente Verfahrensweisen und Werkzeuge zurückgreifen kann. Neben der Analyse und Lösung von Incidents und Problemen gehören aber auch die Erstellung von Diagnosen hinsichtlich besonders Incident-gefährdeter Komponenten und Geschäftsprozessschritte zu den wichtigen Aufgaben. Mittels dieser Diagnosen können ineffektive, risikobehaftete Bereiche und damit Optimierungspotenzial aufgedeckt werden.

Application Maintenance und Monitoring

Eine kontinuierliche Pflege der Lösung gewährleistet die Erfüllung der Geschäftsprozessanforderungen. Dazu gehört auch die regelmäßige Implementierung von Support Packages bzw. der Releasewechsel mittels Upgrades. Derartige Änderungen an einer Lösung erfordern gegebenenfalls die Weiterbildung der Supportmitarbeiter oder auch Anpassungen im Bereich des Berechtigungskonzepts oder an Schnittstellen. Regelmäßige, proaktive Performanceanalysen und Optimierung unterstützen den dauerhaften Betrieb einer Lösung und gestatten, rechtzeitig auf vorhersehbare Engpässe zu reagieren.

System Management

Für die Wartung wichtiger Anwendungen müssen Sie Wartungszeiten einplanen. Diese geplanten Ausfallzeiten benötigt der Systemadministrator, um zwingend notwendige Wartungsarbeiten durchzuführen, wie die Erstellung von Offline-Backups, Änderungen von Konfigurationen inklusive Betriebssystem oder Hardware-Erweiterungen.

Business Process Management

Die Analyse und Dokumentation der Kerngeschäftsprozesse sind wichtige Voraussetzung für deren Betrieb sowie das damit einhergehende geschäftsprozessorientierte Monitoring. Dies trägt dazu bei, die in eine Applikationslösung gesetzten Erwartungen zu erfüllen. Um Geschäftsprozesse zu optimieren, benötigen Sie eine entsprechend integrierte Methodologie. Es reicht nicht, den Blick nur auf einzelne Hardwarekomponenten zu richten, sondern Sie müssen das Verständnis für die gesamte Prozesskette und ihre Elemente entwickeln.

Services

▶ **SAP Application Management**
SAP-Application-Management-Services unterstützen Ihre Supportorganisation mit Experten und bei der Lösung von Problemen, sowie bei der fortlaufenden Pflege der Anwendung und im Service Level Management bei der Findung geeigneter KPIs.

▶ **SAP Business Process Management**
Im Fokus steht das mit dem SAP Solution Manager unterstützte proaktive Monitoring und die Optimierung der Geschäftsprozesse. Das technische Monitoring wird in Design und Implementierung prozessorientiert ausgerichtet. Dazu werden geeignete geschäftsprozessorientierte KPIs definiert und in technische Checkpunkte übersetzt. Damit werden auch Eckdaten für das Service Level Management erarbeitet. Der zentrale Knoten, das so genannte Management-Cockpit, gestattet den integrierten Blick auf den Datenfluss innerhalb der Kerngeschäftsprozesse.

▶ **SAP Solution Management Optimization System Administration**
Mit dem SAP-Service für die Systemadministration werden die wichtigsten Aspekte Ihres Lösungsbetriebs geprüft und etwaiges fehlendes Know-how und Best Practices vermittelt. Dies umfasst die gängigen Themmen der SAP-Systemadministration wie proaktives und automatisiertes Monitoring, Performanceanalyse, Datenbankverwaltung, Recovery, Backup oder Schnittstelleneinrichtung.

▶ **Systemüberwachung**

SAP EarlyWatch Alert und SAP EarlyWatch Check sind ein standardisiertes Angebot der SAP, produktspezifische, technische Messungen in SAP-Systemen durchzuführen. Die ermittelten Ergebnisse werden gegen Best-Practice-Schwellenwerte abgeglichen und daraus Empfehlungen für die Optimierung des Systembetriebs ermittelt. Diese Services liefern bereits wichtige Qualitätskriterien für die Prozese und Ergebnisse des SAP IT Service & Application Management.

▶ **System Management and Monitoring**

Das Management Ihrer SAP-Lösung sowie die Integration der Schnittstellen wird durch die SAP-Application-Management-Services unterstützt. Mit Hilfe von EarlyWatch Alert und EarlyWatch Check können Performance und administrative Daten überwacht werden. Dies ermöglicht ein proaktives Monitoring, um entstehende Performanceengpässe und Risiken für die Datenkonsistenz rechtzeitig zu beheben. Unterstützend können Monitoringlösungen von Drittanbietern integriert werden, um z. B. eine Gesamtsicht auf die IT-Landschaft zu erhalten oder End-zu-End-Perspektiven (z. B. enduserzentrierte Sichten) hinzuzufügen.

▶ **Solution Operation Readiness Assessment (SORA)**

Dieser Service kann genutzt werden, um Schwachstellen in der Supportorganisation und dem Betrieb aufzuspüren.

▶ **Best Practices für die Problembehebung**
Im Rahmen des SAP Application Management Enabling und Empowering Assessment sowie weiterer Workshops wird geprüft, wie gut das Service Desk Management Ihrer Supportorganisation funktioniert. Mit Ihnen gemeinsam werden gefundene Probleme behoben.

▶ **Empowering Services**
Um Ihr Betriebsteam auf die SAP-Produkt-spezifischen Anforderungen vorzubereiten, bietet SAP zwei auf Betriebsprofile ausgerichtete Education- und Zertifizierungsprogramme an:

▶ **SAP Application Management**
Im Rahmen dieses Kurses werden das SAP Application Change Management, Geschäftsprozess-Monitoring sowie Geschäftsprozess-Performance-Monitoring behandelt.

▶ **SAP NetWeaver Management**
Im Rahmen dieses Kurses werden die neue Architektur und Aufbau der Systemlandschaft sowie Best Practices für das Systemmanagement, wie wichtige KPIs, Monitoring, Problemanalyse und -lösung, Konfiguration, Aufbau einer Entwicklungsumgebung, Background-Verarbeitung, Sicherheitsaspekte, sowie Benutzer- und Berechtigungsprofile vermittelt.

▶ **Monitoring und Service Level Reporting**
Zahlreiche Monitoring-Funktionalitäten sind bereits in den SAP-Softwarekomponenten integriert. Mithilfe des

SAP Solution Manager kann das zentrale Monitoring Cockpit eingerichtet werden. Gleichzeitig kann von dort ausgehend die Analyse eingetretener Incidents und Probleme vorgenommen werden. SAP Solution Manager Diagnostics ist ein speziell auf die Bedarfe der Root Cause Analysis in SAP NetWeaver ausgelegte Erweiterung des SAP Solution Manager. Mithilfe des SAP Solution Manager lassen sich Service Levels für Systeme und zentrale Geschäftsprozesse überwachen und reporten.

▶ **Service Level Reporting**
Basierend auf den SAP-EarlyWatch-Alert-Auswertungen und zusätzlichen Daten aus dem im SAP Solution Manager verfügbarem technischen Monitoring kann ein spezifisches Service Level Reporting insbesondere für die Bereiche Applications Operations und abwärts (siehe Abbildung 8 weiter vorne) realisiert werden.

▶ **Service Support**
Mit dem Support Desk bietet der SAP Solution Manager ein End-to-End-Werkzeug zur Durchführung der Incident- und Problem-Management-Prozesse. Gleichzeitig bietet der SAP Solution Manager mit dem SAP Solution Manager Diagnostics ein Expertenwerkzeug für die Analyse von Problemen und deren Lösung für die gesamte Systemlandschaft.

3.1.6 Optimize

Auch im laufenden Betrieb entwickelt sich eine Lösung weiter – sie wird beständig optimiert. Der Anstoß zu dieser Optimierung kann dabei aus den Fachabteilungen kommen, technisch bedingt sein, durch neue verfügbare Releases verursacht werden u. v. m. Die Optimierung der Systeme ist ein wesentlicher Faktor, um auch die Betriebskosten beständig im Griff zu behalten und weiter zu senken.

Change Request

Änderungen am laufenden Betrieb können aus verschiedenen Gründen erforderlich werden. Häufig ist das Problem Management Auslöser von Änderungen. Ebenso können Anpassungen an die übliche Evolution der Geschäftsprozesse, der Organisation etc. erforderlich werden (Continuous Change). Zum anderen erfordert die stetige Optimierung von Abläufen auch Änderungen (Continuous Improvement). Auch Änderungen an der technischen Infrastruktur können dazu führen, dass die Applikation angepasst werden muss. Änderungen können neue Funktionen, Strukturen, die Entwicklung neuer und optimierter Reports als auch das Training der Key User und Supportorganisation umfassen.

Change Management für Anwendungen

Da die Anwendung bereits produktiv im Einsatz ist, birgt jede Änderung ein besonderes Risiko. Durch den Einsatz standardisierter Methoden und Verfahren für eine effiziente und schnelle Durchführung sowie durch Testen aller Änderungen wird sichergestellt, dass sich die negativen Auswirkungen von Änderungen auf die Geschäftsabläufe auf ein Minimum beschränken. Der Prozess beginnt mit der Registrierung von Änderungsanträgen. Dann folgen die Bewertung, Koordinierung und Überwachung der Implementierung, und den Abschluss bildet die Überprüfung der Änderungserfolge. Neben diesem eher normalen Änderungsverfahren können jedoch auch Fehlerfälle schnelle

Änderungen am System erfordern. Für diesen Notfall werden ebenso geeignete Verfahren benötigt. Um Notfälle zu vermeiden, empfiehlt es sich, die von SAP ausgelieferten Support Packages regelmäßig zu implementieren. Support Packages beinhalten nach Modulen gebündelte Korrekturen und Optimierungen.

Geschäftsprozessoptimierung

Im Rahmen Ihrer SLA definieren Sie normalerweise Kennzahlen, so genannte Key Performance Indicators (KPIs), für die zentralen Geschäftsprozesse und erstellen in regelmäßigen Abständen Service-Level-Berichte. In diesen werden Vorgänge identifiziert, die die Unternehmensanforderungen nicht erfüllen. Auf dieser Grundlage sollten Sie dann ermitteln, welche Optimierungsmöglichkeiten Ihnen zur Verfügung stehen, zum Beispiel unnötige Datenbankzugriffe vermeiden oder eine parallele Verarbeitung einführen.

Datenverwaltung

Ein weiterer Optimierungsbereich ist die Datenverwaltung, vor allem die Verwaltung wachsender Datenbanken und die Archivierung. Das Ziel jeder Optimierung ist die effiziente Nutzung Ihrer Datenbankressourcen, indem die Anhäufung unnötiger Daten vermieden wird, unnötige Daten gelöscht und Unternehmensdaten regelmäßig archiviert werden. Diese proaktiven Aufgaben tragen dazu bei, Problemsituationen zu vermeiden und Betriebskosten zu senken.

Ausnutzung der Systemressourcen

Nicht zuletzt die zum Betrieb der SAP-Systeme notwendige Serverlandschaft verursacht einen erheblichen Anteil an laufenden Infrastrukturkosten und Administrationsaufwänden.

Moderne Ansätze wie Virtualisierung und Adaptive Computing ermöglichen es, durch flexible Managementansätze Rechnerkapazitäten bei Lastspitzen oder geplanten bzw. ungeplanten Ausfällen den jeweiligen Systemen zuzuweisen und somit das Vorhalten hoher Standby-Kapazitäten zu vermeiden.

Optimierung des eigenen Codes

Wie in der Konzeptionsphase beschrieben, ist es mitunter notwendig, Standardfunktionen durch eigenen Code zu ergänzen oder anzupassen. In neuen Releases der Standardsoftware sind die benötigten Funktionen eventuell enthalten. Wenn der eigene Code durch den Standardcode ersetzt wird oder zumindest getrennt vorliegt, kann der Wartungsaufwand erheblich reduziert werden. Außerdem werden Vorgänge wie Übertragungen in das Produktivsystem, das Verteilen von Software oder das Einspielen von Support Packages vereinfacht. Wenn Sie auf den eigenen Code nicht verzichten können, sollten Sie ihn so gestalten, dass Ihre KPIs – wie Performance, Datenkonsistenz, Wartungsfähigkeit, Operabilität, Upgrade-Fähigkeit – berücksichtigt werden.

Supportorganisations-Optimierung

Durch die Optimierung der Qualifikationen, Ablauforganisation und Werkzeuge in Ihrer Supportorganisation können Sie schnell und kompetent auf Probleme reagieren und diese beheben. Ihre Supportorganisation wird proaktiver handeln und kann außerdem die Performance und Verfügbarkeit Ihrer Anwendungen gewährleisten.

Release- und Upgrade-Strategie

Die Best Practices in den meisten Branchen ändern sich dynamisch, so wie sich auch die technologischen Komponenten laufend ändern. Die Anbieter von Anwendungen bieten daher neue Versionen oder Releases ihrer Produkte an, und Sie müssen entscheiden, welche Release- und Upgrade-Strategie Sie verfolgen.

Ein Upgrade liegt nahe, wenn die neuen Releases die Funktionen bieten, die Sie für Ihre geänderten zentralen Geschäftsprozesse benötigen. Zwei wesentliche abzuwägende Aspekte sind zum einen Ihre Rollout-Termine und -Ressourcen sowie zum anderen die Wartungsoptionen des Anwendungsanbieters.

Wenn Sie sich für ein Upgrade entschieden haben, sollten Sie alle oben erwähnten Punkte berücksichtigen, beispielsweise Anwenderschulungen in der Implementierungsphase.

Unterstützung durch SAP in dieser Phase

Services

▶ **Solution-Management-Optimization-Services (SMO)**
Abbildung 9 gibt einen Überblick über die verfügbaren Gruppierungen und Fokusbereiche dieser Klasse von Services. In erster Linie dienen diese Services der Optimierung bereits bestehender IT-Serviceprozesse. Sie können jedoch mit relativ geringfügigen Änderungen bereits in der Lebensphase Operate zwecks Setup der Prozesse genutzt werden.

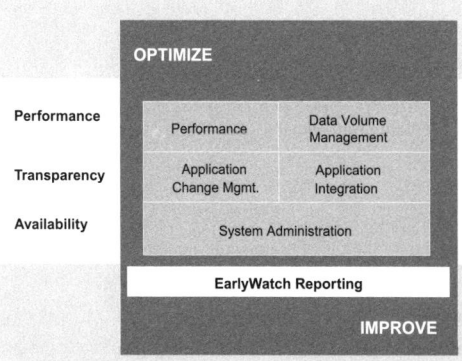

Abbildung 9 Service-Gruppen in der Klasse Solution Management Optimization

▶ **Aufwandsreduzierung für die Verwaltung eigenen Codes**
Über den Service SAP Modification Clearing kann eigener Code entfernt oder vom Standardcode getrennt werden.

▶ **Application Change Management**
SAP-Application-Change-Management-Services unterstützen Sie bei der stetigen Optimierung des Prozesses des Application Change Management und bei der stetigen Umsetzung von Änderungen.

▶ **SAP Business Process Performance Optimization**
Dieser Service analysiert Ihre Kerngeschäftsprozesse und gibt technische und anwendungsspezifische Hinweise, wie sie optimiert werden können. Gegebenenfalls kann der Service auf spezielle Anforderungen aus dem

Bereich Logistik oder dem Monatsabschluss eingehen. Aus technischer Sicht kann ein beson-deres Augenmerk auf die Optimierung kundeneigener Programme inklusive SQL-Kommandos oder Business Warehouse-Anforderungen gelgt werden.

▶ **System Landscape Optimization (SLO)**
Die System-Landscape-Optimization-Services sind die Antwort der SAP auf den zunehmenden Bedarf an größeren Änderungen in produktiven SAP NetWeaver-Lösungen. Sie erleichtern die umfassende Umsetzung betriebswirtschaftlich motivierter Änderungen in Ihren Systemen und ermöglichen eine effektive Angleichung von Systemlandschaften. Es gibt eine Reihe von häufigen Gründen für betriebswirtschaftlich motivierte Änderungen, die durch SLO-Services in hohem Grad produktisiert und automatisiert umgesetzt werden:

▶ Unternehmensfusionen, Zukauf oder Verkauf von Unternehmensteilen

▶ Umstrukturierungen in der Unternehmensorganisation

▶ Anpassungen an bewährte Geschäftsprozesse (»best of industry«) und/oder IT-Strategien

▶ Reduktion der Komplexität von IT-Landschaften

▶ **TCO-Optimierung**
SAP hat ein TCO-Modell entwickelt, auf dessen Basis Sie Daten über Ihre eigene IT-Landschaft erfassen können. Diese werden anschließend von SAP analysiert und ausgewertet. SAP leitet das Ergebnis dieser Analy-

sen und Auswertungen in Form eines Berichts zusammen mit empfohlenen Verfahren zur Senkung der IT-Kosten an Sie weiter. Außerdem verwendet SAP die anonymisierten Ergebnisdaten und -analysen, um die vorhandenen Verfahren zu verbessern und neue Verfahren zu entwickeln.

▶ **Adaptive Implementation**
Diese Services beinhalten neben einem Scoping der Ziellandschaft die prototypische Bereitstellung einer adaptiven Infrastruktur und die Unterstützung bei der Umstellung kompletter Systemlandschaften bzw. den entsprechenden Know-how-Transfer.

Empowering

▶ **Optimierung Ihrer Supportorganisation**
SAP Application Management Enabling und Empowering Assessment sowie weitere Workshops helfen bei der Optimierung der Prozesse im Support- und Operations-Team.

Werkzeuge

▶ **Change Request Manager**
Der Change Request Manager innerhalb des SAP Solution Manager ist das Werkzeug, um den Change-Management-Prozess in Fortführung des Problem-Management-Prozesses zu implementieren. Changes können hier verwaltet, dokumentiert, reportet und, wenn gewünscht, in die Produktivität überführt werden.

- **Optimierung der Performance**
  Mittels der Self-Services im SAP Solution Manager kann das Optimierungspotenzial im Performancebereich ermittelt werden.

- **Virtualisierung der Systeme**
  Der Adaptive Computing Controller ist der Ansatz der SAP, hardwareplattformübergreifend die Virtualisierung Ihrer SAP-Systeme und deren zentrales Management abzubilden.

3.2 SAP IT Service Management

Damit die Geschäftsabläufe optimal unterstützt werden, muss das Application Management ITIL zufolge eng in das IT Service Management integriert sein. IT Service Management setzt sich allgemein aus den Prozessen im Bereich Service Support und Service Delivery sowie dem von SAP hinzugefügten Bereich Operations zusammen. Service Support beschreibt dabei all die Prozesse, die als operativ zu betrachten sind. Sie umfassen letztlich alle ausführenden Tätigkeiten, wie beispielsweise die Bearbeitung von Störungen und Änderungen oder die Integration neuer Konfigurationskomponenten. Als eher taktisch sind die Prozesse im Bereich Service Delivery anzusehen. Hier geht es darum, durch geeignete Analysen und Prognosen die Lieferung der IT-Services zu planen, zu koordinieren und sicherzustellen.

Zusätzlich hat SAP das Modell durch einen Bereich Operations ergänzt (siehe Abbildung 10). Er umfasst verschiedene Aspekte, die im ITIL-Modell teilweise in anderen Bereichen Berücksichtigung finden, wie das Management der

IT-Infrastruktur oder Sicherheit. ITIL beschränkt sich auf nicht-SAP-spezifische Erfordernisse. So werden z. B. im ICT Infrastructure Management besonders die aus der Nutzung von Hardware und Software im Allgemeinen erforderlichen Wartungsaufgaben und -prozesse beschrieben. Aus Sicht der SAP gibt es jedoch Prozesse und Aufgaben, die so stark mit dem IT Service Management, insbesondere beim Einsatz von SAP NetWeaver, verzahnt sind, dass eine direkte Integration sinnvoll ist.

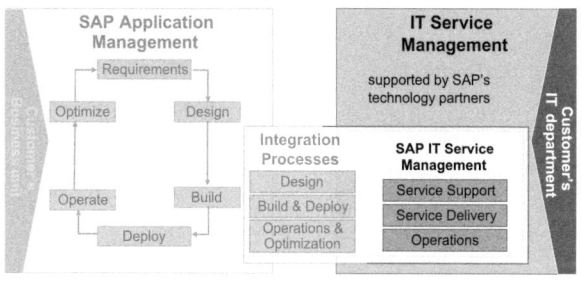

Abbildung 10 SAP IT Service Management in der Gesamtstruktur

Abbildung 11 (siehe Seite 66) stellt die Prozesse des SAP IT Service Management in ihrer Gesamtheit dar. Im Folgenden wird auf deren Inhalt und Ziel im Umfeld des SAP-Betriebs eingegangen. Für weitere Informationen zu den Prozessen sei hier auf die einschlägige ITIL-Literatur verwiesen.

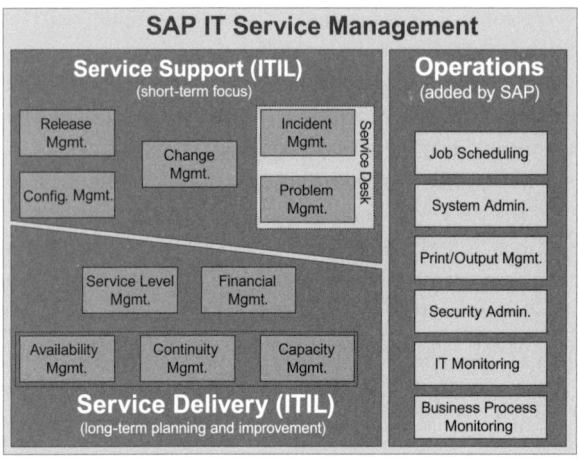

Abbildung 11 SAP IT Service Management im Detail

3.2.1 Service Support (gemäß ITIL)

Der Bereich Service Support gliedert sich in fünf Einzelprozesse, von denen zwei in der Funktion Service Desk zusammengefasst sind. Die Prozesse im Bereich des Service Support gehen mit dem Service Desk Hand in Hand. Sie bilden genau genommen eine aufeinander aufbauende Prozesskette.

Funktion Service Desk

Neben den Prozessen des Service Support bildet das Service Desk die exponierte Funktion des Single Point of Contact zum IT Service Management. Dahinter verbirgt sich die Idee, dass bei Zwischenfällen der Endanwender beispielsweise nicht beliebig persönliche Kontakte nutzt, um Antworten auf seine Fragen und Probleme zu erhalten. Das Service Desk bildet die zentrale Kontaktstelle, um alle eingehenden Incidents aufzunehmen und zu kontrollieren. Unter einem Incident versteht man jegliche Störung des normalen Service Support, Delivery und Betriebs, so dass die Geschäftsprozesse negativ beeinflusst sind. Ein besonders wichtiges Werkzeug im Umgang mit Incidents ist das so genannte Incident-Management-Werkzeug, mitunter auch als Trouble-Ticket-Tool bezeichnet. Aus strategischer Sicht ist das Service Desk gleichzeitig die Instanz, die die Kundenzufriedenheit am besten einschätzen kann. Erkennt man, dass ein Zwischenfall zur Verletzung bestehender SLAs führt, löst das Service Desk definierte Eskalationsprozesse aus.

Incident Management

Wurde ein Incident vom Service Desk aufgenommen und formal klassifiziert, wird er umgehend an das Incident Management weitergeleitet. Incidents zu klassifizieren und zu priorisieren, ist dabei sehr wichtig. Die Priorität umfasst dabei eine Einschätzung der Dringlichkeit und des für den Geschäftsprozess bestehenden Schadens.

Das Incident Management konzentriert sich darauf, so schnell wie möglich den normalen Betrieb wieder herzustellen. Aus Sicht des Incident Management ist dieses Ziel bereits erreicht, wenn eine Umgehung des Incidents gefunden wurde. Das Incident Management betreibt keine Ursachenanalyse. Ein wichtiges Hilfsmittel des Incident Management ist eine Lösungsdatenbank, in der bereits bekannte Probleme und ihre Lösungen bzw. Umgehungen dokumentiert werden. Eine geeignete Suchmaschine ist zwingend erforderlich. Gelingt es dem Incident Management nicht, eine kurzfristige Lösung oder Umgehung des Incidents zu finden, avanciert das Incident zum Problem.

Problem Management

Die vorrangige Aufgabe des Problem Management ist es, die eigentliche Problemursache zu entdecken und hinsichtlich möglicher Behebungen zu analysieren. Danach ist die Aufgabe, die Ursache zu beheben. Gleichzeitig gilt es einzuschätzen, wie zukünftig gleichartige Probleme vermieden werden können. Ein Mittel hierzu ist die sorgfältige Dokumentation von Erscheinung, Analyse, Ursache und Behebung.

Beim Problem Management wird versucht, nachteilige Auswirkungen von Problemen und Ausfällen auf die Geschäftsabläufe zu minimieren, indem Fehler, Probleme und Ausfälle nach Möglichkeit von vornherein vermieden und dennoch auftretende Probleme möglichst schnell und effizient behoben werden. Zum Problem Management gehört es, Probleme und Fehler zu dokumentieren und zu klassifizieren, Problemberichte zu erstellen sowie Fehler und Trends zu analysieren. Gegebenenfalls sind Lösungsstrategien in der Solution Database zu hinterlegen.

Der Hauptunterschied zwischen dem Problem Management und dem Incident Management besteht darin, dass beim Incident Management der Schwerpunkt auf der möglichst schnellen Wiederherstellung von Services für die Benutzer liegt, während beim Problem Management versucht wird, Ausfälle zu vermeiden sowie deren Ursache zu bestimmen und beheben. Gelingt es nicht, die Ursache zu beseitigen, muss ein Request for Change (RFC) eröffnet werden. Letztlich bedeutet dies, dass der Status innerhalb des Trouble-Ticket-Tools geändert wird und damit die Zuständigkeit in den Prozess Change Management wechselt.

Configuration Management

Das Ziel des Configuration Management ist es, alle Konfigurationselemente und ihre Beziehungen untereinander in einem logischen Modell der IT-Infrastruktur zu identifizieren und zu dokumentieren, sowie zu warten und zu überprüfen. Das wichtigste Werkzeug dabei ist die Configuration Management Database, die die Configuration Items und ihre Beziehungen beinhaltet. Zu den Elementen, die beim Konfigurationsmanagement zu berücksichtigen sind, zählen Hardware, Software und die zugehörige Dokumentation, aber auch die Services, die einem Anwender entgegengebracht werden sowie entsprechende SLAs.

Change Management

Unter einem Change versteht man jegliche Änderung an einem Configuration Item oder seinen Beziehungen zu anderen Configuration Items. Das Change Management trägt dafür Sorge, die erforderlichen Änderungen zur Problembehebung, Optimierung und Weiterentwicklung mittels standardisierter Methoden und Verfahren erfolgreich und ohne negative Seiteneffekte umzusetzen. Dazu werden die Requests for Change (RFC) wiederum hinsichtlich Dringlichkeit und Schadensumfang priorisiert sowie nach definierten Kategorien verwaltet. Zwischen dem Änderungsbedarf und den möglichen negativen Auswirkungen der Änderungen sollte ein ausgewogenes Verhältnis herrschen. Alle Änderungen sollten dokumentiert und getestet werden. Zudem ist ihre Implementierung sorgfältig zu planen, zu koordinieren und zu überwachen.

Release Management

Über das Release Management wird die Planung und Überwachung der erfolgreichen Implementierung neuer und geänderter Releases sowie der damit verbundenen Hardware und Dokumentation gesteuert. Zu den Aufgaben des Release-Management gehört auch das sorgfältige Testen neuer Releases und die Schulung der Anwender, aber auch der Mitarbeiter im IT Service Management insbesondere in den Prozessen Incident und Problem Management. Zur Ermittlung der am besten geeigneten Vorgehensweise für alle technologischen Komponenten benötigen Sie einen umfassenden Überblick über sämtliche Abhängigkeiten.

Software-Release-Wechsel (Upgrades) sind immer dann besonders kritisch, wenn davon besonders große Datenmengen von geschäftskritischen Daten betroffen sind. Dies ist im Allgemeinen im SAP-Umfeld der Fall. Gleichzeitig unterstützen SAP-Systeme nicht selten die Kernprozesse des Geschäfts von Firmen. Damit unterliegen sie besonderen Bedingungen hinsichtlich der Verfügbarkeit. Geplante Systemausfallzeiten sind nur in sehr beschränktem Ausmaß akzeptabel. Dies erschwert Release-Wechsel wesentlich. Aus diesem Grund bildet diese Thematik einen Schwerpunkt bei den Supportangeboten der SAP.

3.2.2 Service Delivery (gemäß ITIL)

Die Prozesse des Bereichs Service Delivery befassen sich mit der Planung und dauerhaften Sicherstellung der IT-Services.

Service Level Management

Das Service Level Management ist dafür verantwortlich, geeignete KPIs zu definieren, zu messen und über ihre Einhaltung zu berichten. Die Einhaltung der KPIs gewährleistet gleichzeitig einen stabilen, performanten, kontrollierten und verfügbaren Betrieb der Geschäftsprozesse. Wichtige Kennzahlen aus den Geschäftsprozessen werden daher häufig in technische Anforderungen und Kennzahlen überführt. Das Service Level Management definiert die verschiedenen Bereiche und den Umfang des Service Level Agreements. Dazu gehören z. B.

▸ Verfügbarkeit

▸ Performanz

▸ Reaktions- und Lösungszeiten in Incident, Problem und Change Management

▸ Eskalationswege

Dem Service Level Management obliegt auch die Aufgabe, die Einhaltung geschlossener SLAs mittels Monitoring und geeigneter Werkzeuge zu überwachen. Die Analyse der Messungen ist eine wichtige Quelle, um Optimierungspotenzial aufzudecken. Daher sind entsprechend aufbereitet Berichte (Service Level Reporting) für verschiedene Zielgruppen (Management, Anwender, IT-Verantwortliche) zu erstellen.

Availability Management

Beim Availability Management geht es im weitesten Sinne darum, sicherzustellen, dass die Services dann verfügbar sind, wenn der Benutzer sie benötigt. Insofern sollen im

Rahmen des Verfügbarkeitsmanagements die Kapazitäten der IT-Infrastruktur optimiert werden. Verfügbarkeit ist aber ein durchaus unterschiedlich interpretierbar. Die Verfügbarkeit einer Anwendung muss nicht unbedingt gleichbedeutend mit der technischen Verfügbarkeit der Hardware oder Software sein. Das Availability Management muss daher für das gemeinsame Verständnis von Verfügbarkeit eines Geschäftsprozesses sorgen. Verfügbarkeit setzt sich so gesehen aus folgenden Bereichen zusammen:

- ▶ Verfügbarkeit im Sinne der Zeit zwischen Ausfällen

- ▶ Ausfallsicherheit im Sinne der Resistenz gegen Zwischenfälle

- ▶ Servicefähigkeit, also die Möglichkeit, den Support der Anwendung von Dritten ausführen zu lassen, was schlicht bedeutet, dass nicht nur Entwickler ihre neue Anwendung betreiben können sollten

- ▶ Wartungsfähigkeit, was die Möglichkeit zur Umsetzung von Änderungen möglichst bei laufendem Betrieb umfasst

- ▶ Sicherheit bestehend aus den Bereichen Vertraulichkeit, Integrität und Nutzbarkeit

Zu den wichtigsten Aufgaben des Availabililty Management gehört es, alle diese Kernelemente der Verfügbarkeit zu überwachen und darüber zu berichten, Prognosen und Pläne aufzustellen sowie Verfügbarkeitsanforderungen in Bezug auf die betrieblichen Verflechtungen zu bestimmen. Wichtiges Werkzeug ist dabei die Component Failure Impact Analysis (CFIA), die technische Komponenten und Kerngeschäftsprozesse in Relation bringt. Es wird betrachtet, welche Auswirkungen der Ausfall einer technischen Komponente auf den jeweiligen Geschäftsprozess hat und wie dieser im Notfall unter zu Hilfenahme aller verfügbaren Mittel weitergeführt werden kann.

Continuity Management

Das Continuity Management steht in enger Kooperation mit dem Availability Management. Es ist dafür verantwortlich, Desaster-Strategien (Service Continuity Plan) auszuarbeiten und umzusetzen. Dabei entscheidet das Continuity Management, wann die ausgearbeiteten Desaster-Strategien zum Einsatz kommen müssen. Die Folgen einer möglichen Katastrophe oder eines potenziellen Systemausfalls werden so auf das absolute Minimum im definierten Umfeld reduziert. Ziel dabei ist es, nach einer Unterbrechung des Unternehmensbetriebs die Einhaltung eines vereinbarten IT-Service-Levels zu gewährleisten. Risikoanalyse und -management dienen ebenfalls dazu, potenzielle Schwachstellen aufzudecken und zu reduzieren. Dabei dürfen Sie aber nicht Aufwand und Nutzen aus dem Auge verlieren. Investitionen in Verfügbarkeit und Continuity Management sind nur so lange sinnvoll, wie sie die Kosten eines Ausfalls nicht übersteigen.

Capacity Management

Durch das Capacity Management wird sichergestellt, dass die verfügbaren IT-Ressourcen für Datenverarbeitung und Speicherung den momentanen und künftigen Anforderungen des Unternehmens in punkto Kosten und Schnelligkeit entsprechen. Im Rahmen des Capacity Management erfolgt auch das Application Sizing, innerhalb dessen die Anwendungskapazitäten bestimmt und abgeschätzt werden.

Dabei kommt es darauf an, die technische Infrastruktur und deren Kapazitäten zu kennen sowie die Auswirkungen, die sich durch die Einführung neuer Anlagen und Technologien voraussichtlich ergeben, abschätzen zu können.

Finanzmanagement für IT-Services

Finanzmanagement für IT-Services bietet finanzbezogene Informationen zur Berechnung von TCO und ROI und kann als Basis für die Entscheidungsfindung und für die Bewertung von Änderungen, zum Beispiel IT-Investitionen, dienen. Da sich Aufgaben und Kosten zuordnen lassen, kann das IT-Finanzmanagement auch zur Überwachung und für das Management des gesamten IT-Budgets eingesetzt werden.

Unterstützung durch SAP bei den Prozessen Service Support und Delivery

SAP unterstützt Sie im Bereich IT Service Management durch ein breit gefächertes Angebot. An dieser Stelle werden lediglich die wichtigsten Leistungen beschrieben.

Services

▶ **SAP Solution Manager Starter Pack**
Dieser Service ist auf die initiale Konfiguration und die ersten Schritte mit dem SAP Solution Manager ausgerichtet.

▶ **Adaptive Implementation**
Adaptive-Implementation-Services helfen Ihnen dabei, durch die Virtualisierung der SAP-Systeme und einen zentralen Management-Ansatz den Ressourcenbedarf

der Anwendungen passender auf die vorhandenen Rechnerkapazitäten zu verteilen.

▶ **SAP Application Management**
SAP-Application-Management-Services unterstützen Ihre Supportorganisation mit Experten bei der Lösung von Problemen, bei der fortlaufenden Pflege der Anwendung sowie im Service Level Management bei der Findung geeigneter KPIs. Dies umfasst die Bereitstellung der Supportinfrastruktur sowie die Übernahme der Durchführung der Funktion Service Desk und der Prozesse Incident Management, Problem Management, Change Management, Release Management und Service Level Management.

▶ **Upgrade-Services**
Abbildung 12 gibt einen Überblick über die wichtigsten Services im Upgrade-Umfeld. Da sich jedes Upgrade als Projekt darstellt, lassen sich auch entsprechende Projektphasen bestimmen. SAP offeriert Services für die Evaluation, die Planung und die eigentliche Ausführung von Upgrades. Die Services werden jeweils kundenspezifisch angepasst.

▶ **SAP GoingLive for Functional Upgrade**
In Vorbereitung eines Upgrades werden mögliche Engpässe aufgespürt und Empfehlungen zur Optimierung gegeben.

Abbildung 12 ▶
Beispiel: Serviceportfolio zum Upgrade auf mySAP ERP

	PLANNING Define transition/upgrade strategy and project plan
SAP Engagement	
Complete Execution We deliver a complete solution	
Expert Guidance We solve key challenges	■ mySAP ERP Technology Workshop ■ SAP System Landscape Selection ■ SAP System Sizing ■ SAP Accelerated Value Assessment for mySAP ERP ■ SAP ValueAssessment ■ SAP Netweaver Reference Architecture Workshop ■ SAP ESA Roadmap Workshop
Quality Management We audit and provide directions	■ SAP Upgrade Assessment ■ SAP Quick Upgrade Evaluation
Enablement We provide knowledge & qualification	SAP Upgrade Empowering Ramp-Up Knowledge Transfer Solution Architect &
Product Maintenance We keep systems running and up-to-date	

UILDING
nimize project costs and
k of business disruption

RUNNING
Run and incrementally
improve total cost and value

SAP (Remote) Application Hosting

SAP Evaluation Hosting/SAP Ramp-Up Hosting

SAP Implementation Hosting

ESS/MSS Modification Assessment | SAP Application Management Services
ALV Conversion Service
Technical Implementation of
SAP Solution Manager

SAP Downtime Assessment
SAP Client Transition Service
Performing Technical Upgrade

(MDMP to) Unicode Conversion

AP Test Management Optimization

P Knowledge Transfer Optimization

SAP Data Volume Management

SAP System Landscape Operation Support

SAP Solution Management Assessment
for Upgrade

SAP Upgrade Weekend Support
GoingLive Functional Upgrade Check

SAP Ramp-Up Coach (Special Ramp-Up Offering)

SAP Upgrade Coach

SAP End User Training: Tools & Services

SAP Customer & Project Team Training

ution Overview Training

mySAP ERP Patches & Upgrades

First/Second & Third Level Support

▶ **SAP Safeguarding for Upgrade**
Dieses Programm begleitet Sie mit dem jeweils passenden Service bei der Entwicklung und Umsetzung der Upgrade-Strategie.

▶ **Release- und Upgrade-Strategie**
SAP Maintenance Assessment hilft, die richtige Release-Strategie zu definieren und ein geplantes Upgrade optimal vorzubereiten.

▶ **SAP Software Change Management**
Experten analysieren Ihre Strategien hinsichtlich der Softwarewartung und der Entwicklung. Es geht darum, die Systemlandschaft, den Software-Change-Management-Prozess und die Release-Strategie optimal aufzusetzen. Dies beinhaltet bei Bedarf auch Trainings.

▶ **SAP Test Management Optimization**
Jede Änderung, jedes Upgrade, jede Neuimplementierung erfordert eine effektive Teststrategie. Dieser Service fokussiert auf die Optimierung des Testmanagements. Sie brauchen eine wiederholbare, zuverlässige Teststrategie, die gleichzeitig möglichst wenig Ressourcen beansprucht.

Empowering

▶ **Regionale Upgrade-Informationen im SAP Service Marketplace**
Länderspezifische Informationen zu Upgrades finden Sie im SAP Service Marketplace.

▶ **SMO System Administration**
Insbesondere bei der Einführung von oder dem Umstieg auf neue SAP-Lösungen unterstützt Sie dieser

Service durch ein intensives, auf die neuen Aufgaben fokussiertes Training und die Vermittlung von Best Practices im Einsatz von Analyse-, Monitoring- und Maintenance-Werkzeugen.

SAP unterstützt Sie mit einem weit gefächerten Angebot von Betriebsdienstleistungen. Für den schnellen Einsatz neuester Software Funktionalität (Ramp-up) oder das Upgrade bzw. die Migration existierender Lösungen können Systemservices und Dienstleistungen bei Ihnen vor Ort oder in einem SAP-eigenen Rechenzentrum bereitgestellt werden.

▶ **SAP Application Management Enabling**
SAP Application Management Enabling unterstützt mit spezifischem Expertenwissen und Erfahrungen die Implementierung der Funktionen Service Desk, sowie der Prozesse Incident Management, Problem Management, Change Management, Release Management und Service Level Management.

Werkzeuge

▶ **SAP Solution Manager**
Der SAP Solution Manager ist das Werkzeug der SAP, mit dem insbesondere die Funktion Service Desk und die Prozesse Incident, Problem und Change Management abgebildet werden. Neben dem Management der Prozesse im IT-Service gilt es aber auch Probleme zu lösen. Im SAP NetWeaver sind dazu zahlreiche Analyse-, Monitoring- und Maintenance-Werkzeuge integriert, die alle Prozesse des IT-Service und -Support unterstützen.

► **SAP Upgrade Roadmap**
Die SAP Upgrade Roadmap ist der zentrale Leitfaden
für das gesamte Projektteam. SAP informiert darin
über die aktuellen Upgrade-Methoden, damit Sie Ihr
Upgrade optimal planen und durchführen können.
Fundiertes Wissen und die gesammelten Erfahrungen
werden speziell für die funktionalen und technischen
Aspekte des Upgrades einer ganzen Systemlandschaft
vermittelt.

► **SAP Adaptive Computing Controller**
Der Adaptive Computing Controller ist die Lösung der
SAP zur Unterstützung einer flexiblen und optimalen
Ausnutzung der vorhandenen Ressourcen.

3.2.3 Operations (von SAP ergänzt)

Da der IT-Betrieb für eine äußerst zuverlässige und prognos-
tizierbar laufende IT-Infrastruktur sorgt, sieht SAP diesen
als wesentlichen Bestandteil des IT Service Management
an. Operations konzentriert sich auf die regelmäßig wieder-
kehrenden Tätigkeiten, die manuell oder automatisiert
verrichtet werden müssen. Dies sind insbesondere Jobeinplanung, Systemadministration, Druck-/Ausgabemanage-
ment und Sicherheitsverwaltung. Das IT-Monitoring nimmt
einen solch bedeutenden Platz in der täglichen Arbeit ein,
dass es auch als eigener Bereich angesehen werden kann.
All diese Aufgaben sind stark verflochten mit dem Anwendungsmanagement.

Jobeinplanung

Unter Jobeinplanung versteht man die effiziente Verarbeitung von Daten zu einem vorab festgelegten Zeitpunkt und in einer vorgegebenen Ablauffolge ohne Eingriffe durch den Benutzer. Strategien für die Jobeinplanung sind deshalb so wichtig, weil für die zentralen Geschäftsprozesse sowohl deren Schnelligkeit als auch deren Auswirkungen auf die Ressourcennutzung und die Antwortzeit des Systems eine Rolle spielen.

Da derartige Jobs nicht im Dialog ablaufen – daher auch der häufig verwendete Name Background Jobs –, besteht die Gefahr, dass diese Jobs nicht genügend überwacht werden. Gleichzeitig sind sie häufig essenziell für die Geschäftsprozesse. Im Gegensatz zu den üblichen Dialogschritten innerhalb der Geschäftsprozesse, bewegen Background Jobs in der Regel weit mehr Daten und sind daher zeitintensiver. Die Herausforderung für den Systemadministrator ist es, die Ressourcen optimal zu verteilen, so dass z. B. Dialogprozesse nicht negativ beeinflusst werden. Zusätzlich bestehen häufig Abhängigkeiten zwischen den Geschäftsprozessschritten, so dass Background Jobs oft zeitlich und Ereignis-konditioniert sind. SAP und andere Anbieter offerieren extra zu diesem Zweck Job Scheduler.

Systemadministration

Tägliche Wartungsaktivitäten sind ein wichtiger Bestandteil der Einhaltung von SLAs. Für die Systemadministration müssen daher Rollen definiert und regelmäßige Aufgaben (täglich, wöchentlich, monatlich usw.) eingeplant sowie Prozeduren für nicht eingeplante Aufgaben in der Benutzer-, System- und Datenbankverwaltung festgelegt werden.

Dazu gehört auch die regelmäßige Kontrolle von Systemlogs und die Analyse dort vorgefundener, unerwarteter Probleme. Ziel ist es, möglichst viele Incidents automatisch zu erkennen und wenn möglich automatisch darauf zu reagieren. Um dieses Ziel zu erreichen, muss man jedoch permanente Analysen durchführen und die dafür erforderlichen Werkzeuge implementieren.

Druck- und Ausgabemanagement

Ein Geschäftsprozess führt normalerweise zu irgendeiner Form von Output, wie z. B. Druckseiten, elektronische Transaktionen oder E-Mails. Wie essentiell dabei der Ausgabeprozess innerhalb eines Geschäftsprozesses ist, hängt vom Geschäftsprozess selbst ab. Die Ausgabe kann durchaus zum Single Point of Failure für einen Geschäftsprozess werden. Ausgaben können auch besonders hohe Sicherheitsvorkehrungen erfordern. Das Druck- und Ausgabemanagement beinhaltet alle notwendigen Aufgaben, damit die Ausgabe am richtigen Ort, zum richtigen Zeitpunkt, unter passenden Sicherheitsvorkehrungen und mit der nötigen Verfügbarkeit abgeschlossen wird. Darunter fallen auch Entwicklungs- und Konfigurationsaktivitäten zur Erzeugung von Ausgaben sowie operative Aktivitäten, um die Ausgabe genügend performant abzuwickeln.

Sicherheitsverwaltung

Durch IT-Sicherheit werden Vertraulichkeit, Verfügbarkeit und Integrität der Daten gewährleistet. Dies bezieht sich nicht nur auf die Benutzerverwaltung von z. B. Netzwerk, Betriebssystem oder Datenbanken. SAP-Systeme offerieren spezielle Mechanismen, um komplexe Berechtigungskonzepte für die Benutzer aufzubauen und zu nutzen. Die

Sicherheitsverwaltung muss dafür sorgen, dass kein unbefugter Zugriff auf vertrauliche Daten möglich ist. Umgekehrt muss sie sicherstellen, dass berechtigte Benutzer die Daten bei Bedarf jederzeit aufrufen können. Dies erfordert die fortlaufende Anpassung des Berechtigungskonzepts an z. B. organisatorische Änderungen innerhalb der Geschäftsprozesse. Überdies müssen die Daten fehlerfrei sein und dürfen nicht in unzulässiger Weise geändert werden.

IT-Monitoring

Aus Sicht des Systemmanagements sollten Sie proaktiv regelmäßig Berichte über die Verfügbarkeit und Performance Ihrer Systeme und andere relevante Bereiche, wie Datenbanken, Speicherauslastung und Parametereinstellungen, verfassen. Diese Anforderungen gehen in aller Regel über das Service Level Monitoring and Reporting hinaus. Jedoch können Sie auf diese Weise bestehende oder potenzielle technische Engpässe identifizieren, die durch Netzwerkbeschränkungen, Serverhardware, Softwarekomponenten, ressourcenintensive Datenbankabfragen oder schlicht durch ineffiziente Programmierung zustande kommen. Je nach Engpass sollte ein entsprechender Aktionsplan zur Optimierung des Systems aufgestellt werden, denn letztlich könnten diese Engpässe zur Verletzung der SLAs führen. Dabei ist eine Korrelation der gesammelten Qualitätskriterien zu der tatsächlichen Sicht der Anwender auf das System wichtig, um die eigentlich business-relevanten Aussagen für eine adäquate Unterstützung der Geschäftsprozesse treffen zu können.

Business Process Management

Business Process Management gewährleistet die reibungslose und effiziente Ausführung zentraler Geschäftsprozesse. Voraussetzung hierfür ist, dass sich die IT-Seite mit den Geschäftsabläufen auskennt und dass die Geschäftsseite die Systemprozesse versteht. Sobald die kritischen Prozesse identifiziert sind, werden die Abläufe untersucht, auf denen sie beruhen. Zu diesen Abläufen zählen z. B. Terminierung, Schnittstellenverwaltung und Überwachung. Während im SLM lediglich besonders wichtige KPIs definiert, überwacht und ausgewertet werden, ist es das Ziel des Business Process Management die Geschäftsprozesse in ihrer Gesamtheit und Komplexität zu überwachen.

Aus Sicht des System- und Geschäftsprozessmanagements müssen Handhabbarkeit, Verfügbarkeit, Performance und Integration berücksichtigt werden:

▶ Die Werkzeuge und Verfahren, die Ihnen zur Verfügung stehen, sollten Ihnen das Management der Geschäftsprozesse und Systeme so einfach wie möglich machen: So sollten Sie in der Lage sein, Ihre Geschäftsprozesse und Systeme zu überwachen, die Benutzer umfassend zu unterstützen sowie technische Probleme und Schwierigkeiten im Bereich des Systemmanagements schnell zu lösen.

▶ Die technische Infrastruktur muss über eine ausreichende Kapazität verfügen, um den Anforderungen an eine hohe Verfügbarkeit gerecht zu werden. Durch Werkzeuge und Verfahren zur Überwachung der Lösung müssen sich Fehler oder Verzögerungen in der Prozesskette schnell feststellen lassen. Damit effizient reagiert werden kann, müssen die Prozesse auch auf Dokumentebene nachvollzogen werden.

▶ Zur Messung und Überwachung der Performance der Geschäftsprozesse benötigen Sie Werkzeuge, die auf geeigneten, in den SLAs definierten KPIs basieren.

▶ Wenn Ihre Lösungslandschaft aus mehreren Softwarekomponenten besteht, die über Schnittstellen miteinander verbunden sind, müssen Sie sicherstellen, dass die Schnittstelleninfrastruktur optimal und reibungslos funktioniert. Integrieren Sie deshalb die Überwachung und den Betrieb dieser Schnittstellen in Ihr Anwendungsmanagement. Dafür benötigen Sie möglicherweise auch Werkzeuge und Best Practices, um die Geschäftsprozesse über verschiedene Anwendungen hinweg zu verwalten und zu integrieren.

Unterstützung durch SAP bei den Aufgaben im Bereich Operations

Services

▶ **Monitoring-Services**
Der Aufbau einer Monitoring-Infrastruktur der Systeme und Anwendungen wird über verschiedene Monitoring-Services beim Planen, der Implementierung und dem anschließenden Betrieb von Monitoringlösungen auf Basis des SAP Solution Manager und ggf. unter Integration von Drittanbietertools unterstützt.

Werkzeuge

▶ **Solution Life Cycle Management (SLCM)**
SAP NetWeaver unterstützt alle Phasen des Software Life Cycles mit optimaler Technologie von der Implementierung über den Produktivbetrieb bis hin zum Change und Release Management. Zum SLCM gehören z. B. Werkzeuge und Services für:

  ▶ Installation, Upgrade und Lizenzverwaltung

  ▶ Werkzeuge und Services für Monitoring und Problemanalyse

  ▶ Testwerkzeuge

  ▶ Customizing und Konfiguration

  ▶ Datenarchivierung

  ▶ Der SAP Solution Manager ist der zentrale Knoten zur Nutzung dieser Werkzeuge.

▶ **Jobeinplanung**
SAP bietet Ihnen Best Practices für die komplexe und zeitkritische Jobeinplanung. Zusammen mit SAP NetWeaver liefert SAP zudem einen Job Scheduler auf der Basis von Redwood Cronacle aus. Die Funktionalität geht weit über die bisher in mySAP-Lösungen integrierten Transaktionen hinaus. Insbesondere werden systemübergreifende Jobketten unterstützt.

3.3 Verbindung zwischen SAP Application Management und IT Service Management

Neben den relativ klar zuzuordnenden Prozessen und Aufgaben im IT Service Management und im Application Management existieren auch Themen an der Schnittstelle zwischen beiden. Das Application Management wirkt über diese Schnittstellen auf das IT Service Management und umgekehrt. Daher ist es wichtig, über eine detaillierte Sicht der Schnittstellen zwischen der Geschäfts- und der IT-Seite zu verfügen. Mit der Einführung von SAP NetWeaver auf Basis der Enterprise Services Architecture (ESA) – dem Integrationswerkzeug für Prozesse, Information und Menschen schlechthin – werden die Verbindungen zwischen Geschäfts- und IT-Bereichen enger, und der erforderliche Informationsaustausch wird intensiver (siehe Abbildung 13).

Im Folgenden werden die wichtigsten Schnittstellen zwischen dem SAP Application Management und dem IT Service Management in den verschiedenen Phasen des Lebenszyklus beschrieben.

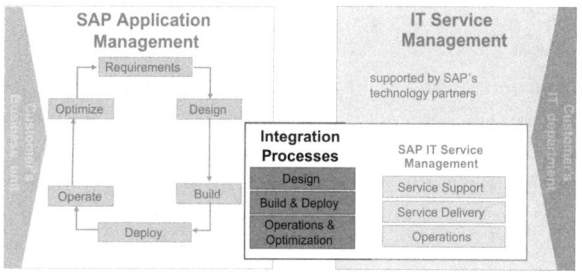

Abbildung 13 Integration innerhalb der Gesamtstruktur

3.3.1 Integration in der Phase Design

Design der technischen Infrastruktur

Entsprechend den in der vorangegangenen Phase Requirements gesammelten Anforderungen an die Lösung müssen Sie nun die passende technische Infrastruktur entwerfen. Sie sollten die Lösungslandschaft im Detail und mit allen zugehörigen Komponenten planen. Sobald Sie alle nötigen Rahmenbedingungen aus dem geplanten Geschäftsprozessdesign zusammengetragen und abgeleitet haben, können Sie das Sizing vervollständigen. Es ist empfehlenswert, den anvisierten Hardwarelieferanten mit einzubeziehen, bevor Sie verbindlich die erforderliche Hardware bestellen.

Die technische Konzeption der Infrastruktur, die Ihre Lösung unterstützt, sollte folgende Elemente beinhalten: Server, Drucker, Netzwerk, Frontend, die erforderliche Konfiguration und Schnittstellen. Zudem müssen Sie die Strategien für den technischen Roll-out und für die erforderliche Verfügbarkeit definieren sowie bestimmen, was Backup und Recovery, Switch-over/Cut-over und Desaster-Recovery beinhaltet.

Security Requirements

Security-Aspekte müssen ebenfalls bedacht werden. Sie reichen von technischen Faktoren, wie dem Netzwerk, bis zu Berechtigungsstrategien innerhalb der Systeme. Auch Ausgabeaktivitäten können besonderen Sicherheitskriterien unterliegen, z. B. HR-Payroll. Diese Anforderungen an Berechtigungen und Sicherheit müssen erfasst und die technische Umsetzung geplant werden.

Mithilfe der in der Phase Requirements gefundenen Abschätzungen hinsichtlich des Umfangs der Geschäftsprozesse kann ein erstes technisches Sizing für jede Komponente erfolgen. Schon jetzt sollten Sie auch über die Entwicklungssystemlandschaft inklusive einer Mandantenstrategie entscheiden.

Einrichtung der Projektinfrastruktur

Auf Grundlage dieser Definition kann die eigentliche Infrastruktur und Systemlandschaft zur Unterstützung Ihres Projekts aufgebaut werden. Dazu führen Sie folgende Schritte aus: Installation der Hardware und Prüfung der technischen Umgebung, Installation der Software und der Frontends, Installation und Konfiguration der Ausgabegeräte für das Projekt sowie der Infrastruktur zur Entwicklung von Schnittstellen.

Zu diesem Zeitpunkt müssen auch Teile Ihrer Projektinfrastruktur konfiguriert oder erstellt werden. Dies umfasst die Konfiguration und den Test der Transportsysteme, Aufbau und Konfiguration der Umgebung für die Qualitätssicherung, Konfiguration und Einrichtung der Remote-Verbindung zu SAP, Aufbau der Systemsicherheit sowie der Benutzersicherheit für das Projektteam.

Unterstützung für das Projektsystem

Ihr Projektsystem und Ihre Projektumgebung sind nun einsatzbereit. Damit die entsprechende Performance und Verfügbarkeit gewährleistet sind, erfordert bereits diese Phase eine regelmäßige Administration der Systeme. Die Projektsysteme müssen in ähnlicher Weise verwaltet und unterstützt werden wie die Produktivsysteme. Zwar sind die geplanten Geschäftsprozesse noch nicht aktiv, aber im weitesten Sinne wird auch produziert, nämlich Coding, notwendige Customizing-Einstellungen etc.

Die Fachabteilungen knüpfen an das spätere Produktivsystem Erwartungen hinsichtlich Verfügbarkeit, Performance und Datensicherheit. Daher ist die Administration folgender Aufgabengebiete zu konzipieren:

▶ Backup und Recovery

▶ Transportlandschaft und Konzepte für das Change Management

▶ Datenbankverwaltung

▶ Monitoring inklusive Performanceanalysen

▶ reguläre Maintenance

▶ Sicherheitsverwaltung

▶ Ausgabemanagement

▶ Jobeinplanung

Die Verfahren für den technischen Support und das Service Desk beinhalten folgende Punkte:

▶ Installation von Dokumentation und Einrichtung

▶ Integration eines Service Desk für das Projekt

▶ Festlegung von Kommunikations- und Eskalationsverfahren

▶ Definition von Wartungsintervallen und -aktivitäten

▶ Definition der Konzepte für Betrieb und Support

Damit Sie Ihre Lösung erfolgreich betreiben und Support leisten können, müssen bestimmte Betriebsverfahren, Rollen und Qualifikationsprofile definiert sein. Allgemein ist hierfür eine Prüfung der aktuellen Supportstrategie, der Überwachungsstrategie, der SLA-Anforderungen sowie verschiedener Systemadministrationsaspekte nötig. Nachdem Sie alle Bereiche analysiert haben, definieren Sie alle Supportanforderungen und halten diese formal fest. Dadurch erhalten Sie Klarheit über die erforderlichen Supportverfahren und letztlich eine Definition der benötigten Prozessschritte und Einheiten in der Supportorganisation.

Unterstützung durch SAP in dieser Phase

Services

▶ **Vorbereitung für die Systemadministration**
Services des Programms SAP Solution Management Optimization unterstützen Sie dabei, eine effiziente Systemadministration einzurichten.

▶ **Strategie für Service und Support**
SAP Application Managment unterstützt Sie bei der Definition und der Validierung der Service- und Supportstrategie, der Erstellung des Supportservice-Katalogs, der Prozesse sowie Strukturen und Werkzeuge.

Empowering

▶ **Definition der Strategie für Betrieb und Support**
SAP bietet Ihnen in Form von Dokumenten Best Practices für den Betrieb und Support.

▶ **SAP Solution Manager Starter Pack**
Initiales Customizing und Einführung in den SAP Solution Manager.

▶ **SAP Security Guidelines**
Hierbei handelt es sich um Checklisten zu den wichtigsten Sicherheitsaspekten hinsichtlich der verschiedenen SAP-Lösungen. Für die Realisierung der Sicherheitsanforderungen werden weiterführende Hinweise gegeben.

Werkzeuge

▶ **Sizing**
SAP Quicksizer (Service Marketplace, Alias *Quicksizer*) unterstützt Sie bei der Definition des Sizing und der Umsetzung.

▶ **Dokumentation und Reporting von Problemen im Projekt**
Der SAP Solution Manager bietet Werkzeuge für die Dokumentation und das Reporting von Incidents und Problemen.

3.3.2 Integration in den Phasen Build und Deploy

Build der Produktivinfrastruktur

In der nächsten Phase können Sie die Infrastruktur für die Produktivumgebung implementieren. Eine abschließende Standortinspektion der Rechenzentrumseinrichtungen sollte die technische Infrastruktur, die Verfahren für die Kommunikation mit dem Rechenzentrum sowie die Betriebsverfahren im Rechenzentrum prüfen. Die Netzwerkinfrastruktur einschließlich Netzwerküberwachung muss eingerichtet sein.

Nun wird die eigentliche Produktivumgebung eingerichtet. Dazu werden Backend- und Middleware-Server sowie die benötigten Softwarekomponenten installiert. Achten Sie beim Aufbau der später produktiven Datenbank insbesondere auf die Konfiguration der Festplatten hinsichtlich Größe sowie Ein- und Ausgabeaktivitäten, da dies unmittelbare Auswirkungen auf die Systemperformance hat.

Nach Erstellung und Konfiguration der Produktivumgebung werden die Peripheriegeräte installiert und konfiguriert. Die erforderliche Frontend-Software muss auf den Desktop-Systemen installiert werden. Die Hochverfügbarkeitslösung können Sie ebenfalls implementieren. Ferner sollten Sie jetzt die Konzepte für Backup, Recovery und Desaster-Recovery umsetzen. Es wird dringend empfohlen, die Sicherheitsstrategie bereits zu diesem Zeitpunkt zu implementieren, wobei sowohl die Systemsicherheit als auch die Sicherheit auf Anwendungsebene zu berücksichtigen sind. Dies hat den Vorteil, dass die implementierten Techniken noch vor dem Produktivstart hinreichend getestet und unproblematisch angepasst werden können. Nach dem Produktivstart sind Konfigurationsänderungen weit schwerer umzusetzen.

Berechtigungen und Sicherheit

Die in der vorigen Phase entwickelten Konzepte für die Sicherheitsverwaltung gilt es nun technisch zu realisieren. Dabei sollten Sie im Auge behalten, dass das initiale Sicherheitskonzept permanent gepflegt werden muss. Es kommen neue Benutzer hinzu und Berechtigungsprofile sind zu ändern. Zu diesem Zweck müssen geeignete Mechanismen und Prozesse implementiert werden.

Testplanung und -ausführung

Tests sind nicht nur in funktionaler Hinsicht zu planen und durchzuführen. Um eine Anwendung als funktionstüchtig zu beurteilen, müssen auch Betreibbarkeit, Performance und Integration getestet werden. Aus Betreibersicht sind daher entsprechende Tests zu planen bzw. Tests bei der Durchführung technisch zu überwachen.

Cut-over

Vor dem Cut-over müssen Sie prüfen, ob die Systeme für den Cut-over bereit sind. Über eine technische Checkliste können Sie den Zustand der Systeme vor und nach der Umstellung auf den Produktivbetrieb dokumentieren. Bei den Systemtests sollten Sie sich vor allem vergewissern, dass Sie unter einwandfreien Systembedingungen arbeiten. Ein letzter, möglichst realistischer Lasttest hilft Ihnen einzuschätzen, ob die Konfiguration der erwarteten Last gerecht wird.

Support

Damit der Übergang zur Produktivumgebung reibungslos verläuft, benötigen Sie für den Problemfall Supportleistungen von Implementierungs- und Technologieexperten. Auf diese Weise stellen Sie sicher, dass das Cut-over-Team planmäßig mit seiner Arbeit fortfahren kann und alle Probleme dokumentiert und behoben werden.

Unterstützung durch SAP in diesen Phasen

Services

▶ **Cut-over-Services**

SAP bietet Services an, die Ihre Supportorganisation beim Übergang von der Implementierung zur Produktion unterstützen. Für den Benutzersupport werden Werkzeuge, Methoden und Knowlegde Transfers angeboten. Im Fokus stehen dabei die erforderlichen IT-Service-Management-Prozesse, deren Qualität und das Wissen der Mitarbeiter. Es wird bewertet, ob die implementierten Prozesse die geplanten Geschäftsprozesse hinreichend gut unterstützen können. Im Ergebnis werden Empfehlungen gegeben, wie eventuelle Engpässe gemindert werden könen.

▶ **Schnittstellenmanagement**

SAP Solution Management Optimization bietet einen Service zur Prüfung, wie stabil die Schnittstellen in technischer Hinsicht sind.

▶ **Performance**

SAP-Solution-Management-Optimization-Services helfen Ihnen, die Performance zu steigern, indem sie Ihre selbst entwickelten Programme und das Speichersubsystem optimieren.

▶ **SAP GoingLive Check**

Dieser Remote-Service besteht aus drei Servicesitzungen (Analysis, Optimization, Verification). Zwei Sitzungen werden vor dem eigentlichen Produktivstart geliefert, um Sizing und Performance zu analysieren und mögliche Engpässe rechtzeitig zu beheben. Die Verifi-

3.3.3 Integration in den Phasen Operations und Optimization

Jobeinplanung

Die IT-relevanten Fragen bei der Jobeinplanung wurden bereits im Abschnitt über IT Service Management besprochen. Im Kontext der Integration ist es wichtig, die Abhängigkeiten zwischen den Unternehmensanforderungen und dem IT-Bereich herauszustellen: Für den Betrieb muss heutzutage in vielen Fällen eine Dialogverarbeitung rund um die Uhr (7x24) gewährleistet werden. Trotzdem dürfen Hintergrundjobs, die Arbeit der Dialogbenutzer nicht beeinträchtigen. Die Performance sollte jederzeit auf einem akzeptablen Niveau bleiben, wobei zu definieren ist, was »akzeptabel« im Detail heißt. Außerdem müssen die Ergebnisse solcher Jobs schnell zur Verfügung stehen. Damit die Steuerung vernetzter Jobs – einschließlich der Abhängigkeiten unter ihnen – und Verfahrensweisen für den Neustart von Jobs im Fall eines Abbruchs definiert werden können, sind fundierte Kenntnisse der Geschäftsabläufe notwendig. Das IT Service Management muss sich einen Gesamtüberblick und ein Gesamtverständnis des Hintergrundgeschehens erarbeiten.

Sicherheitsverwaltung

Auf die IT-relevanten Schwerpunkte der Sicherheitsverwaltung wurde ebenfalls im Abschnitt über IT Service Management eingegangen. Aus Integrationssicht müssen diese Aspekte mit der Benutzerverwaltung im Anwendungsmanagement abgestimmt werden. Die Anwendungssicherheit im Unternehmen ist eine zentrale, interne Steuerungskomponente.

Behebung von Applikationsproblemen

Probleme mit den Anwendungen können sich auf den IT-Bereich auswirken und umgekehrt. Folglich muss die Verarbeitung von Anwendungsfehlern eng in die Prozesse des Incident Management und Problem Management integriert sein. Ferner ist es notwendig, den Problembehebungsprozess und die Implementierung von Korrekturen zwischen den IT-Bereichen und den Anwendungssupport zu koordinieren. Hierfür müssen die Prozesse und Produkte des Service Desk eingebunden werden.

Optimierung der Systemlandschaft

Im Lauf des Lebenszyklus der Lösung können mitunter größere Änderungen an der zugrunde liegenden Systemlandschaft erforderlich werden. Ursachen für solche Änderungen sind üblicherweise die Anpassung an veränderte Geschäftsstrategien, wie Zentralisierung und Abgänge, oder schlicht die Kostensenkung in einem Bereich, der immer komplexer wurde. Normalerweise gehen Änderungen an der Systemlandschaft Hand in Hand mit der Harmonisierung der Geschäftsprozesse.

Ein oft vernachlässigtes Optimierungspotenzial besteht in vielen Fällen in einer unnötig komplizierten Entwicklungs- und Testsystemlandschaft.

Unterstützung durch SAP in diesen Phasen

Services

▶ **Prüfung des Sizing**
Mit Hilfe des SAP GoingLive Check können Sie die geplante Lösungslandschaft hinsichtlich des Geschäftsvolumens und der Konfiguration überprüfen.

Werkzeuge

▶ **Benutzerverwaltung**
In der zentralen Benutzerverwaltung können administrative Aufgaben zentral durchgeführt und die Daten an die Systeme in der Lösung weitergeleitet werden.

▶ **Service Desk**
Der SAP Solution Manager beinhaltet eine Service-Desk-Funktion, über die die Anwender Support erhalten können. Wenn Sie ein anderes Service-Desk-Tool einsetzen, können Sie dieses auf einfache Weise mit dem SAP Solution Manager integrieren.

4   Resümee

In Ergänzung zur Beschreibung von SAP IT Service & Application Management bietet Ihnen Abbildung 14 noch einmal alle wichtigen Aspekte auf einen Blick.

Im Gegensatz zu dem bekannten Ansatz von ITIL wird im SAP IT Service & Application Management dem wechselseitigen Einfluss von Applikation und Betrieb größere Beachtung geschenkt. SAP versteht das IT Service Management als durch die Geschäftsprozesse geprägte Dienstleistung. Die Besonderheiten und Möglichkeiten der SAP-Software erforderten die Einführung des Bereichs Operations, in dem all jene Dienstleistungen zusammengefasst werden, die manuell oder automatisiert zur Aufrechterhaltung des klassischen IT Service Management gemäß ITIL und des Application Management durchgeführt werden müssen und mit diesen Prozessen in engstem Zusammenhang stehen. Darin unterscheidet sich Operations von dem aus ITIL bekannten ICT Infrastructure Management, das stark auf die technische Infrastruktur fokussiert.

Abbildung 14 ▶
Wechselspiel zwischen Application Management
und IT Service Management

SAP Application Management

Requirements
- Functional Requirements
- Non-functional Requirements
- Usability Requirements

Optimize
- Application Review & Change
- Business Process Opt.
- Data Management Opt.
- Custom Code Opt.
- Support Organization Opt.
- Release & Upgrade Strategy

Design
- Business Blueprint
- Implementation Standards
- Conceptual Design of Development and Development Procedures
- Guidelines and Framework of I Service Management
- Training & Documentation & Test Plan
- Set Up Project Management ar Project Strategic Framework
- Integration & Rollout Strategy

Operate
- Maintain Service Levels
- End-user Support
- Day-to-day System & Application Maintenance

Build
- Baseline and Final Configurati
- Training & Documentation
- Development Realization
- Build Production and Support Environment
- Final Integration & Performanc Test

Deploy
- Pilot Rollouts
- Customer Readiness
- Production & Support Envirnment Ready
- Production Cut-over

Customer's Business unit

SAP IT Service Management

SAP NetWeaver Management

Topics

- Maintenance & Upgrades
- Custom Developments
- Exchange Infrastructure
- Infrastructure & Landscape
- Automation
- Authorization & Security
- Application Error Handling
- Business Process Monitoring
- Roll-out

Requirement

Design

Build

Deploy

Optimize

Service Support

- Incident Management
- Problem Management
- Change Management
- IT Release Management
- Configuration Management

Service Delivery

- Service Level Management
- Availability Management
- IT Capacity Management
- Financial Management
- Continuity Management

- Job Scheduling
- Print and Output Mgmt.
- Security Administration
- System Administration
- IT Monitoring
- Business Process Management

Operations

IT DEPARTMENT

Die Möglichkeit, auf Basis von SAP NetWeaver flexibel Lösungen komponieren zu können, erfordert die Intensivierung der Integrationsprozesse zwischen dem SAP Application Management und dem SAP IT Service Management. Dies geht so weit, dass das Integrationsmanagement sogar mit dem SAP NetWeaver Management gleichgesetzt werden kann.

Übergreifende Services der SAP
Neben den Angeboten, die eher auf bestimmte Phasen oder Prozesse im IT Service & Application Management zielen, bietet SAP auch übergreifende Services an:

Services

▶ **Hosting oder Outsourcing**
SAP unterstützt Sie mit einem breit gefächerten Angebot von Betriebsdienstleistungen. Bereits in der Design- und Build-Phase können Demo-Systeme oder Entwicklungssysteme in Ihrem Auftrag entsprechend Ihren Anforderungen betrieben und zur Verfügung gestellt werden. Für den schnellen Einsatz neuester Softwarefunktionalität (Ramp-up) oder das Upgrade bzw. die Migration existierender Lösungen können zusätzliche Systemservices und Dienstleistungen bereitgestellt werden.

Die Palette des Outsourcing im produktiven Betrieb reicht von der Infrastruktur einschließlich der Administration und des Monitoring im Rahmen des Application Hosting bis hin zur kompletten Übernahme des Application Management für die SAP-Lösungen und deren Prozesse. Dabei sind 7x24-Support, Hochverfügbarkeits- und Desaster-Recovery-Szenarien optional zur optimalen Unterstützung Ihres Geschäfts ohne Schwierigkeiten realisierbar, selbst der entfernte Betrieb der SAP-Systeme in Ihrem eigenen Rechenzentrum stellt keine Hürde dar.

▶ **Einführung von Test- und Integrationslaboren**
Durch die Implementierung von CoCs (Centers of Competence) für Integration oder Qualitätssicherung können Sie insbesondere bei komplexen Landschaften mit einem hohen Integrationsgrad die Qualität der in den produktiven Betrieb genommenen Lösungen nachhaltig steigern und gleichzeitig für die Projekte bereitgestellte Systemressourcen optimaler auslasten. Der Integration-Lab-Service unterstützt Sie beim Aufbau entsprechender Labore in Ihrem Haus. Entsprechend Ihren Erfordernissen können Leistungen anteilig oder komplett durch SAP bereitgestellt werden.

Empowering

▶ **SAP Customer Competence Center (CCC)**
Das SAP CCC ist ein spezielles Programm, um eine enge Partnerschaft zwischen der Supportorganisation des SAP Kunden und der SAP zu fördern. Zertifizierte CCCs haben die Möglichkeit, sich direkt in Entscheidungen hinsichtlich des SAP-Produktsupports und der Serviceentwicklung einzubringen. SAP unterstützt CCCs mit tiefer gehenden Informationen und speziellen Programmen zur Wissensvermittlung. Nicht zuletzt dadurch kann von einer allgemein höheren Qualifizierung von CCC-Mitarbeitern ausgegangen werden, was sich für den Kunden in kürzeren Lösungszeiten

bei internen Problemmeldungen niederschlägt. Umgekehrt senkt diese Leistungsfähigkeit das Meldungsaufkommen auf SAP-Seite. Meldungen von SAP CCCs werden von SAP bevorzugt bearbeitet.

▶ **Partner-Competence-Zertifizierung**
Für den Betrieb und den Support von SAP NetWeaver-Lösungen sind spezielle Zertifizierungsprogramme in Vorbereitung. Verschiedene Profile innerhalb des SAP IT Service & Application Management werden ausgebildet. Die praktische Umsetzung des Gelernten kann in Zertifizierungen unter Beweis gestellt werden.

Zusammenfassend werden Sie feststellen, dass das SAP-Verständnis von Qualität und Quantität im IT Service-Management entlang den Phasen des Application Management weitestgehend dem allgemeinen Verständnis des ITIL folgt. Darüber hinaus wurden auf Grund der Spezifika von SAP-Lösungen Erweiterungen und Details aufgenommen. SAP bietet für die verschiedenen Aufgaben entlang des Lebenszyklus und für die Prozessimplementierung als auch -ausführung weitreichende Services, Trainings und Werkzeuge an. In diesem Buch konnten Ihnen lediglich die wichtigsten umrissen werden. Weiter gehende Angebote und Details offeriert Ihnen der SAP Service Marketplace oder können gern bei SAP erfragt werden.

Index

Last-Testing und Performance-Tuning

www.sap-press.de

George W. Anderson, Michael Mißbach

Projekthandbuch Last-Testing und Performance-Tuning

IT-Manager, Projektleiter und Administratoren erhalten mit diesem Buch einen Projektleitfaden, der alle Aspekte des Last-Testings und Performance-Tunings von SAP-Systemen umfasst: die Zusammenstellung der richtigen Hardwareressourcen, die Besetzung des Projektteams, das Prüfen der Test- und Monitoring-Tools sowie die praktische Planung, Durchführung und Analyse der Testläufe. Mit diesen Best Practices werden Sie das Testen der täglichen Arbeitslast sowie ganzer Geschäftsprozesse meistern und die Leistung und Verfügbarkeit Ihrer Systeme signifikant verbessern.

>> www.sap-press.de/1053